박영사와 조목사가 들려주는

캄보디아 아리랑

박영사와 조목사가 들려주는

캄보디아 아리랑

글 박형아 · 조성규 공저 / 사진 하용병 · 조성규 외

이서원

캄보디아 최초의 경찰주재관으로서 영사 업무를 마치고 귀국한 지 6개월이 되었습니다. 돌이켜 보면 힘들고 어려웠던 일이 많았지만 보람되고 즐거웠던 일들이 더 많이 기억납니다.

캄보디아에서 한인 분들이 뜻하지 않은 사건사고를 겪게 되는 경우가 있습니다. 이 때 도움을 요청하거나 받을 수 있는 방법은 현지 경찰의 힘을 빌리는 것외에 마땅한 방법이 없었습니다. 때문에 캄보디아 말을 배우고 캄보디아 경찰청장을 비롯해 말단 직원에 이르기까지 수많은 캄보디아 경찰들과 교감하면서 한국 대사관의 일이라면 언제라도 기꺼이 나설 수 있는 분위기를 조성하는 데 노력을 기울였습니다.

이 책에 조성규목사와 제가 함께 쓴 글을 묶은 것입니다. 그 중 저의 글은 2007년 초부터 2008년 초까지 1년 동안 캄보디아 교민신문에 매주 한 편씩 기고했던 글들입니다. 많은 분들께서 대사관 사건사고 담당영사의 시점으로 쓴 이야기로서 캄보디아에서 살아가는 데 좋은 정보를 제공해 준다고 생각하셨는지 책으로 엮어보는 게 어떻겠냐고 응원해 주셨습니다.

책으로 엮는 과정에서 좀 더 정확하고 알찬 정보, 통계 자료를 비롯한 참고 자료 등은 출판사측에서 최신의 자료를 찾아 살 붙임을 해 주었습니다. 이

책을 통해서 부족하지만 캄보디아라는 나라와 사람들, 그리고 우리 교민들의 삶을 보다 깊이 이해할 수 있는 계기가 되기를 바랍니다. 아울러 경찰 영사, 대사관 직원의 일과 역할에 대해서도 많은 정보를 담고 있어서 해외 여행이나 이주 등 생활에 도움이 될 수 있으리라 생각합니다.

이 글을 쓸 수 있도록 격려해 주시고 조언을 아끼지 않으셨던 신현석 전 캄보디아 대사님과 대사관 직원 분들, 김문백 캄보디아 한인회장님과 한인 여러분, 서병도 목사님과 프놈펜 한인교회 교인 분들, 일상의 생활들을 꼼꼼히 찍어놓은 주옥같은 사진들을 제공하여 주신 많은 분들, 일일이 이름을 다 열거한 수 없지만 캄보디아를 위해 헌신하시는 모든 분들께 감사의 말씀을 드립니다. 또한 거칠고 서툰 원고를 보기 좋게 엮어주신 이서원 출판사 고봉석 대표님 이하 스텝 분들께도 다시 한 번 감사의 인사를 드립니다.

마지막으로 언제나 곁에서 묵묵히 뒷바라지해 주는 아내, 건강하게 자라주는 아들 민재, 선재, 그리고 막내딸 연재에게 진심으로 사랑하며 고맙다는 말을 전합니다.

2010. 1

박 형 아

어느 날 불현듯 전화를 받았습니다. “조 목사님, 인터넷에 있는 글을 책으로 엮어서 내면 좋을 것 같은데요. 생각이 어떠세요?”

이 전화가 결국 볼품없는 글을 책으로 출판하게 된 시발점이 되었습니다. 이제 출판을 앞서 교정을 보고 머릿말을 쓰려니 갑자기 기쁨과 함께 커다란 부담감이 밀려옵니다. 돌이켜 보니 너무나 부족하고 모자람 투성이라 얼굴이 확 달라오르는 것을 느낍니다. 그렇지만 이 책을 통해 캄보디아에 대한 생각과 문화, 사람들에 대한 이해와 더불어 여행과 생활에 도움이 되고 길잡이가 된다면 한없이 기쁘겠습니다.

요즈음 부쩍 캄보디아를 찾는 한국인들이 많아졌습니다. 어떤 이들은 관광, 또 어떤 이들은 사업, 어떤 이들은 거주, 어떤 이들은 봉사하기 위한 목적, 어떤 이들은 해외 파견 등의 이유로 방문합니다. 그 분이 질문하는 내용이나 궁금한 내용들은 공통점이 참 많았습니다. 때로는 이미 시행착오를 겪고 나서 이야기를 나누기도 하고, 그 전에 어떠한 결정을 내리시기 전에 상담하는 경우도 있고, 현지인과의 마찰로 어떻게 하면 좋을 지 질문하시는 경우도 있었습니다. 이 책은 두 명의 사람이 캄보디아에 살면서 겪은 이야기를 자유로운 형식을 통해 쓴 글입니다. 한 명은 공무원으로서, 또 한 명은 선교사로서 같은 땅에 살면서 말도 안되는 현실에 부딪히며 살았던 이야기와 때로는 더 좋은 환경을 위해 애써보기도 해보고 , 부정과 부패 앞에서 어떻게 살아야 하는지 수없이 질문을 하면서 지냈던 이야기들입니다. 그래서 이 글을 읽는 사람들은 사실 어느 누구나 캄보디아를 오고 싶어하고 살고 싶어한다면 바로 그런 사람들을 위한 책이라 생각이 되어집니다. 짧게 다녀가든 오랜시간을 살고 가든 캄보디아를 이해하기를 원한다면 사전에 읽어 두시고 준비하시면 도움이 되지 않을까 생각해 봅니다.

간혹 캄보디아 사람들이 어떠한 생각을 지니고 있는지, 또는 모두 똑같다고 말할 수 없지만 그들 문화와 삶을 통해 한국 사람을 이해시키는 일이 필요해서 쓴 글도 있고 교통이나 세금의 문제, 사업 구상, 놀이와 여가 생활에 대한 아쉬움도 있어 펜을 잡았고 자녀교육에 대한 착잡함에 글을 쓰기도 했습니다. 이곳에 살면서 캄보디아가 어느 정도 정이 들었지만 여전히 한국과 또 다른 나라와 많은 비교 대상이 되는 것은 어쩔 수 없나 봅니다. 그만큼 생활에 불편함과 의사소통의 어려움, 업무적 서비스 태도 등 그 어느 것 하나 만족할 만한 것은 없다고 봅니다.

심지어 한국 사람들이 경영하는 회사나 가게도 마찬가지일 때가 있습니다. 그것은 100%를 추구하기에는 이곳의 여건이 맞지 않기 때문입니다. 예를 들어 무더운 날 식당에서 밥을 먹고 있다고 생각해 보십시오. 그런데 무작정

나가는 정전은 식사하는 이로 하여금 땀을 쏟게 만들 것입니다. 이런 사태에 대해 식당 주인에게 '왜 발전기가 없냐'고 탓할 수는 없습니다. 그저 그렇게 만족하고 밥을 먹어야 하는 것입니다. 그렇다고 해서 우리가 여기서 주저앉을 수는 없습니다. 적어도 이러한 환경에 대해 진심어린 양해와 사과가 주인에게로부터 온다면 그 자체 하나만으로 감사할 수 있는 여유가 됩니다. 시설이 좀 부족해도 한국이 아니기에 한 두 번만 참아보는 여유가 있다면 좋겠습니다. 이런 여유는 전후 사정을 충분히 이해할 때 가능한 것입니다.

다시 말하면 오해라는 것은 서로가 이해가 되지 않았을 때 생기는 것이기에 그런 오해를 갖지 않기를 바라는 마음이 있다는 것입니다. 그래서 이 책은 그런 오해가 생길 수 있는 일들에 대해 언급한 것이기도 합니다. 상황은 다를지 모르지만 캄보디아에서 살다보면 만나게 될 상황들이기에 사전에 미리 인지를 하고 있다면 캄보디아 사람들이 왜 그러는지를 쉽게 이해하고 조금 더 부드럽게 대할 수 있으리라는 기대를 가져보게 됩니다.

더 나아가 이 책은 동남아 인접국가와 유사한 경험을 하고 있는 나라들이 있어서 캄보디아뿐만 아니라 동남아를 이해하는 기초가 될 수 있습니다. 그렇기 때문에 동남아지역의 방문과 생활을 하는 이들은 한류 연예인은 아니지만 한류의 영향을 줄 수 있는 주체가 될 수도 있기에 충분한 이해의 밑걸음이 되기를 바라는 욕심도 있습니다. 아울러 이 책을 통해 캄보디아를 더욱 이해하고 재미있는 나라, 사람이 사는 냄새가 물씬 풍기는 나라임에 틀림없음을 볼 수 있기를 바랍니다. 다소 부정적인 요소가 있지만 그 부정적 요소는 독자 몫으로 그 가능성을 남겨두고 싶습니다. 그래야 이곳에서 삶을 살아갈 수 있기 때문이라 생각되어 집니다.

마지막으로 겁도없이 무명의 본인 글을 책으로 만들어주시는 이서원의 고봉석대표님과 부족한 글을 문맥에 맞게 편집하고 디자인하는데 많은 수고를 한 배수지과장님과 직원들, 그리고 이름을 다 열거할 수 없지만 매 주 한인신문을 열심히 애독하며 격려와 조언을 해주시는 분들과 신문 관계자분들께 감사함을 전합니다. 또한 책이 나오기까지 필요한 사진을 흔쾌히 사용하도록 도와준 동역자 하용병선교사님과 그 외 여러 선교사님, 말없이 캄보디아까지 따라와 준 사랑하는 아내와 아이들(수아, 은성, 유성)에게 고마울 뿐입니다. 타국에 있는 못난 아들과 며느리, 손주들을 그리워하며 새벽마다 밤마다 기도하시는 가장 든든한 후원자 엄마! (참 오랜만에 불러보는 호칭이네요.) 너무나 감사하고 사랑합니다. 그리고 존경합니다. 이 모든 것이 이루어짐을 통해 영광을 받으실 하나님을 사랑하면서 프놈펜에서 글을 올립니다.

2010. 1

조 성 규

목차

교통, 경제 103

법, 경찰 153

Cambodia

캄보디아 기본정보

동남아시아 인도차이나 반도의 남서부에 위치해 있는 나라로, 1863년 프랑스의 보호국이 된 이래 프랑스령 인도차이나의 일부가 되었다. 1940년 일본에 점령되었고 일본 패전 후 1947년 5월 프랑스연합 내의 한 왕국으로 독립을 획득하였으며, 1953년 완전한 독립을 이루었다. 국기는 캄보디아의 대표적인 문화유산인 앙코르 왓이 중앙에 그려져있다. 바탕의 붉은색은 불의에 대한 투쟁과 강인한 캄보디아의 정신을, 청색은 농업과 환경을 상징한다.

국가명칭	캄보디아 왕국 The Kingdom Of Cambodia
국가형태	입헌군주제(국왕, 총리)
수도	프놈펜 Phnom Penh (인구 약 120만 명)
면적	181,035㎢ (남한의 약 1.8배, 한반도 전체의 약 80%)
인구	약 13,4십만 명 (2008년 기준)
시차	G.M.T+7시간. 한국보다 2시간 느리며 태국, 베트남과 동일한 시간을 사용한다.
지리, 위치	인도차이나 반도의 남서쪽에 위치하며, 서쪽으로 태국, 북쪽으로 태국과 라오스, 동쪽으로 베트남과 국경을 접함. 남쪽은 태국만(Gulf of Thailand)을 마주함.
기후	캄보디아는 열대 몬순 기후로 4계절이 있다. 서늘한 건기(Cool Dry)는 12~2월, 더운 건기(Hot Dry)는 3~5월, 더운 우기(Hot Rain)는 6~8월, 서늘한 우기(Cool Rain)는 9~11월 이다. 여행하기 가장 좋은 때는 11월 중순부터 2월 중순까지이다. 캄보디아의 평균 최저 기온은 20℃, 평균 최고 기온은 28℃이며, 평균 강우량은 1,270~1,900㎜다.
민족	크메르인(90%), 베트남인(5%), 화교(1%), 기타 소수민족(4%)
종교	소승불교(95%), 이슬람교(3%), 기독교(2%)
언어	크메르어
통화, 환율	화폐 단위는 리엘(Riel). 100, 500, 1,000, 2,000, 5,000, 1만, 2만, 5만, 10만 R로 구분. 대략 $1=4, 200R=1,380원(2009년 2월 기준). 일부 지역에서 달러($)와 태국 밧(B)통용.

캄보디아 지도

네팔
부탄
인도
중국
베트남
미얀마
라오스
태국
캄보디아

태국
라오스
캄보디아
밴레이비히어
라타나끼리
포이펫
스통트렝
메
콩
강
시엠립
바탐방
깜퐁톰
본돌끼리
크라체
푸삿
캄퐁짬
캄퐁차낭
코콩
베트남
캄폿
시아누크빌
0
100km

History

캄보디아의 역사

1세기경 카운디냐(Kaundinya)라는 인도 브라만에 의해 건설된 후난(Funan, 扶南) 왕국이 현재 캄보디아 역사의 시작이라 알려져 있다. 이후 분열과 통일을 반복하다가 9세기 초에 자야바르만(Jayavraman) 2세에 의해 앙코르왕국이 건설되었고 크메르 제국이 시작되었다.

9세기부터 13세기까지 대륙부 동남아를 평정한 앙코르왕국은 캄보디아 역사상 가장 위대한 왕국이며, 앙코르 왓(Angkor Wat), 앙코르 톰(Angkor Thom)과 같은 고도로 발달된 유적을 남겼다.

14세기부터 쇠약해진 캄보디아는 태국과 베트남의 영향력에 따라 약소국으로 전락되었다. 1863년 샴과 베트남의 지배를 벗어나기 위해 자진하여 프랑스의 보호령으로 편입하였으나 1940년 일본에 점령되었고 일본 패전 후 1947년 5월 프랑스연합 내의 한 왕국으로 독립을 획득하여, 1953년 완전한 독립을 이루었다.

그러나 베트남 전쟁의 영향과 크메르루즈군의 득세로 1980년대 말까지 내전이 일어났으며 이 과정에서 자본주의와 베트남을 위시한 외세와 연계된 사람은 지위고하를 막론하고 숙청되었는데 이것이 바로 610만명의 무고한 국민들이 학살된 킬링필드이다.

이후 베트남군의 철수, 파리 평화협정 체결 등으로 공식적으로 내전이 종결되었다. 1993년 망명해 있던 국왕 노로돔 시아누크를 다시 세워 입헌 군주국인 캄보디아국으로 바뀌었고 이후 총리 훈센에 의한 쿠데타가 있었지만 지금까지 정치는 대체로 안정되어 있다.

Traffic

캄보디아의 교통수단

장거리 교통수단

비행기 | 국내선을 운항하는 항공사는 프레지던트 항공(President Airline), 로열 프놈펜 에어(Royal Phnompenh Air), 로열 크메르 항공(Royal Khmer Airline)이 있다. 국내선 취항 도시는 시아누크빌, 시엠립, 프놈펜이다. 프놈펜~시엠립 노선은 1일 10회 운항

기차 | 단선철도가 뽀이벳-바탐방-프놈펜-깜-시아누크빌에 걸쳐 운행한다. 뽀이벳-바탐방 구역은 화물차량이 이동하고, 나머지는 승객을 실은 열차가 다닌다. 프놈펜을 중심으로 남북으로 두 개 노선이 격일제로 운행되었으나 속도가 매우 느려 지금은 다니지 않는다.

버스 | 캄보디아의 가장 대중적인 교통수단이다. 도로사정이 나빠 야간에 운행하는 버스가 없고 짧은 구간도 소요시간이 길다.
시엠립에서 뽀이벳까지 150㎞ 거리가 약 4~6시간 소요된다. 프놈펜~시아누크빌, 프놈펜~깜뽕짬 구간을 일일 평균 3~5회 운행한다.

픽업 트럭 | 주요 도시를 제외한 지역을 이동할 때 유용하다. 1톤 트럭을 개조한 것으로 운전석 옆자리와 짐칸에 승객이 탑승한다. 불편한 대신 요금이 저렴하다. 외국인은 바가지 쓸 우려가 있으니 조심해야 한다.

보트 | 톤레삽 호수와 메콩강을 따라 운행한다. 톤레삽 호수를 지나는 구간은 시엠립-프놈펜(여행자들에게 인기 높은 구간), 시엠립-바탐방 구간이 있다. 건기에는 강 수위가 낮아 이동이 더뎌시기도 한다. 대부분의 보트가 아침
일찍 한 차례 출발한다.

시내교통

캄보디아의 시내 교통은 모토돕이 가장 대중적 교통수단이다. 가끔 외국인에게 바가지를 씌우려는 경우가 있는데, 다투지 말고 다른 기사와 흥정하길 바란다. 고액권을 주면 거스름돈이 없다고 하기도 하므로 잔돈을 미리 준비하자.

자가용 택시 | 회사 택시가 없으므로 개인 소유 자동차를 빌려 택시처럼 이용한다. 한 대를 전세내어 이용 하는데 기사가 딸려있어 편리하다. 3~4명의 인원이 함께 이용하면 적당하다. 차량, 기사를 포함해 보통 하루 $30 정도이며, 기름값은 별도이다. 요즈음 2개의 택시회사가 생겼다. 우리나라처럼 미터택시이고 전화하면 온다. 2개중 하나는 한국사람이 운영한다.

툭툭(Tuk Tuk) | 오토바이를 개조한 교통수단이다. 2~4명까지 탑승 가능하고 단거리 이동에 적당하다. 대체로 모토 요금의 2배이다. 마찬가지로 탑승 전 흥정은 필수!

모토돕(Motodop) | 오토바이 택시로 가장 흔한 교통수단으로 가까운 거리는 1,000R, 시내는 4,000R 이하이며, 운전사는 반드지 모자를 쓴 사람이니 헷갈리지 말자. 탑승 전에 흥정은 필수!

시클로(Cyclo) | 프놈펜에서만 운행된다. 자전거의 앞바퀴가 있던 자리에 수레처럼 두 바퀴와 의자를 설치해 개조한 자전거로 베트남의 시클로와 같다. 탑승 전 흥정은 필수!

오토바이, 자전거 | 시엠립, 프놈펜, 시아누크빌 같은 도시의 여행사나 게스트하우스에서 대여해 준다. 대여시 보증금 또는 여권 요구하니 지참해야 한다.

Travel

캄보디아의 주요 여행지

캄보디아국립박물관(National Museum of Cambodia)

위치	개장시간	입장료
St.178 & St.13	08:00~17:00	$3

시소와트(Sisowath)왕의 왕궁으로 지어진 대표적인 크메르 건축양식으로 1920년 박물관으로 개관하였으나 크메르 루즈 정권이 들어선 후 1975년 폐관되어 수백만 마리 박쥐들의 서식처가 되었다. 1979년 호주국립박물관과 AIDAB의 지원으로 박물관을 수리하여 박쥐들이 살 수 있도록 지붕의 구조를 바꾸었다. 수장품은 주로 앙코르 시대 석조물 15,000점 이상이다.

프놈펜왕궁(Royal Palace) · 실버파고다(Silver Pagoda)

위치	개장시간	입장료
Sisowath St.	08:00~16:00	약 $6.2

1866년에 노로돔 국왕에 의해서 건축된 왕궁. 즉위전의 높이 59m짜리 황금탑, 프랑스 시절 나폴레옹 3세의 왕비가 배로 운반해 온 재료들로 만든 나폴레옹관 등이 볼거리이다. 나폴레옹관과 나란히 붙은 벽을 지나면 파고다 사원이 나오는데, 사원 본전의 실내 바닥(한 개당 1.125kg)이 은으로 만든 블록 5,329개로 이루어져 있다.

독립기념탑(Independence Monument)

위치
노로돔 거리(Norodom St)와 시하눅 거리(Sihanouk Blvd) 교차지점

프랑스로부터의 독립(1953.11.9)을 기념해 1958~1960년에 세운 탑으로 전몰용사 추모비로서의 역할도 함께 갖고 있다. 앙코르 왓 중앙탑과 반테이스레이 사원을 본떠서 설계한 독립기념탑은 캄보디아 1000R 화폐에 등장한다.

뚤 스렝 박물관(Toul Sleng Genocide Museum)

위치	개장시간	입장료
St.113 코너 &St.350	08:00~17:00	$2

1975년 이전에는 여자고등학교 건물이었으나, 크메르 루즈 정권 당시 S-21 감옥으로 17,000여명을 수용하고 킬링필드에서 처형 집행했다. 각종 고문기구, 희생자의 사진과 그림 등이 전시되어 있다.

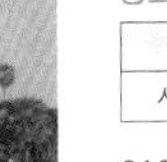

앙코르 왓(Angkor Wat)

위치	개장시간	입장료
시엠립에서 북쪽으로 6km	05:00~18:00	1일 $20 , 3일 $40, 7일 $60

310km2의 넓은 평원에 7백여 개의 건축물로 이루어진 세계적인 단일 유적지인 앙코르 유적군은 크메르 민족의 자긍심이자 민족의 상징. 그 중 가장 대표적 유적인 앙코르 왓는 '거대한 사원'이라는 뜻으로, 장엄한 규모와 균형, 조화 그리고섬세함에 있어서 최고로 꼽힌다. 1113년~1150년 수르야바르만(Suryavarman) 2세에 의해 지어진 앙코르 왓의 구조는 힌두교의 우주관에 입각한 우주의 모형으로 여겨진다.

바이욘 사원(The Bayon)

앙코르 왓와 더불어 앙코르 지역의 백미로 꼽힌다. 이 사원은 앙코르 왓보다 약100년 후인 12세기말 자야바르만 7세에 의해 만들어졌다. 54개의 탑에 아바로키테스바라 신의 얼굴이 조각되어 있는데 자야바르만 7세자신의 얼굴을 상징하기도 한다. 특히 입술 양쪽이약간 올라가면서 짓는 그 미소는 빛과 각도에 따라 200여 가지 모습을 지닌다고 한다.

왓 프놈(Wat Phnom)

입장료
$2

실버사원이 호화로운 왕궁의 사원이라면 왓 프놈은 서민들 속에서 살아 숨쉬는 사원. 사원 주변은 도심공원 같은 분위기로 시민들이 코끼리를 타거나 새를 방생하고 나무 그늘 아래서 더위를 식힌다. 왓 프놈은 '산 위의 사원'이라는 뜻으로 프놈펜의 유래가 되었다.

따쁘롬 사원(Ta Prohm)

자야바르만 7세가 어머니에게 봉헌하기 위해 지은 불교사원. 가로600m, 세로1,000m로 앙코르사원 중 가장 큰 규모 중 하나. 지금은 거의 폐허가 된 상태로, 무화과, 보리수 등의 거대한 나무들이 벽과 지붕에 뿌리를 내리고 담을 넘어 문을 감싸고 있는데, 그 모습이 마치 자연과 인간이 빚어낸 예술의 극치와도 같다. 영화 〈툼레이더〉의 배경으로도 유명하다.

Accommodation

캄보디아의 숙박시설과 음식

숙박시설

호텔 | 씨엠립의 고급호텔인 '래플스 그랜드 호텔 드 앙코르 (Raffles Grand Hotel D'Angkor)', 소피텔(Sofitel), 판씨(Pan Sea)와 프놈펜의 호텔 르 로열(Hotel Le Royal)은 하루 숙박비가 $200 이상이다. 외에도 중급호텔에도 에어컨, 케이블TV, 냉장고, 옷장 정도가 갖춰져 있고, 조식이 포함되며, 수영장이 있는 호텔로 $30~50에 묵을 수 있다.

게스트하우스 | 흔히 볼 수 있는 저렴한 숙소로 침대와 선풍기 한 대가 전부인 곳에서부터 에어컨에 TV까지 갖춰진 곳까지 다양하다. 저렴한 곳은 도미토리는 $2, 싱글 룸 $3으로 공동욕실을 사용한다. 욕실+선풍기 2인 1실 기준 $6~10, 에어컨 객실은 $10~15정도이다. $15 정도의 에어컨 객실은 넓고 깨끗한 편이다. 대부분의 게스트하우스에서 레스토랑을 운영하며, 차량 예약이나 투어 예약 등의 서비스도 제공한다.

음식

주식 | 주식은 '쌀'로 안남미를 주로 사용한다. 밑반찬이 제공되지 않으므로 원하는 음식을 모두 선택해서 주문해야 한다. 주로 아침에 '꾸이띠유' 라는 국수도 즐겨 먹는데, 약 $1로 면발의 굵기에 따라 종류가 나뉜다. 계란으로 반죽한 '미'도 판매한다. '쌀', '국수'이외에 흔히 볼 수 있는 음식은 바게트 빵. 베트남, 라오스와 더불어 프랑스 식민지배를 받은 인도차이나 국가의 공통된 음식문화를 볼 수 있다. 바게트를 이용해 만드는 샌드위치에는 향이 강한 야채를 넣어 독특한 맛이 난다.

대표적인 크메르 음식 | '아목(Amok)', '쑵 쯔낭 다이(Sup Chnang Dai)'이 있다. 아목은 카레찜과 비슷하고. 쑵 쯔낭 다이는 샤브샤브와 비슷한 크메르식 전골요리로 현지인들이 좋아하는 메뉴이다.

과일 | 다양한 열대과일 있는데 수박(아올럭), 파인애플(머노아), 바나나(쩨익), 코코넛(동), 망고(쓰와이), 망고스틴(망꿋), 두리안(투렌)

음료 | 식수는 좋지 않아 생수를 구입해서 마셔야 한다. 사이다, 콜라 등은 여러 종류가 있으며 가격은 저렴하다. 술은 앙코르 맥주(Ankor Beer)가 맛이 있어 인기있다. Tiger Beer, 앵커 맥주(Anchor)와 태국 맥주등이 판매되고 있다.

Speech

알아두면 편리한 피어싸 크마에

피어싸 크마에

캄보디아어 또는 크메르어(Khmer language)라고 우리가 흔히 알고 있는 것의 정확한 표현이 바로 '피어싸 크마에'이다. 언어를 뜻하는 '피어싸'와 캄보디아를 뜻하는 고유명사인 '크마에'가 합해져 '피어싸 크마에'라고 한다.

숫자

0	쏜
1	모이
2	삐
3	바이
4	부은
5	쁘람
6	쁘람 모이
7	쁘람 삐
8	쁘람 바이
9	쁘람 부은
10	덥
11	덥 모이

20	머페이
30	쌈썹
40	싸에썹
50	핫썹
60	혹썹
70	쩟썹
80	빠에썹
90	깟썹
100	로이
200	삐 로이
1,000	모이 뽀안
10,000	모이 먼

생활용어

캄보디아에서는 인사나 고마움을 전할 때 두 손을 합장하면서 말하면 좀 더 정중한 표현으로 여겨진다.

안녕하십니까? : 줌립쑤어
안녕히 가십시오(계세요) : 줌립리어
안녕? : 쑤어쓰다이
잘가 : 리어썬하으이
잘 지내니?(잘지내.) : 쏙써바이
고맙습니다 : 어꾼
괜찮습니다 : 먼아이떼
실례합니다 : 쏨또

버스 터미널 : 컨라엥 란 츠놜
기차 : 롯 플롱
역 : 쓰타니 롯 플롱
공항 : 비을 윤허
은행 : 토니어끼어
우체국 : 프라이쑤니
시장 : 프사
얼마예요? : 틀라이 뽄 만
깎아주세요 : 쏨 쪽 틀라이

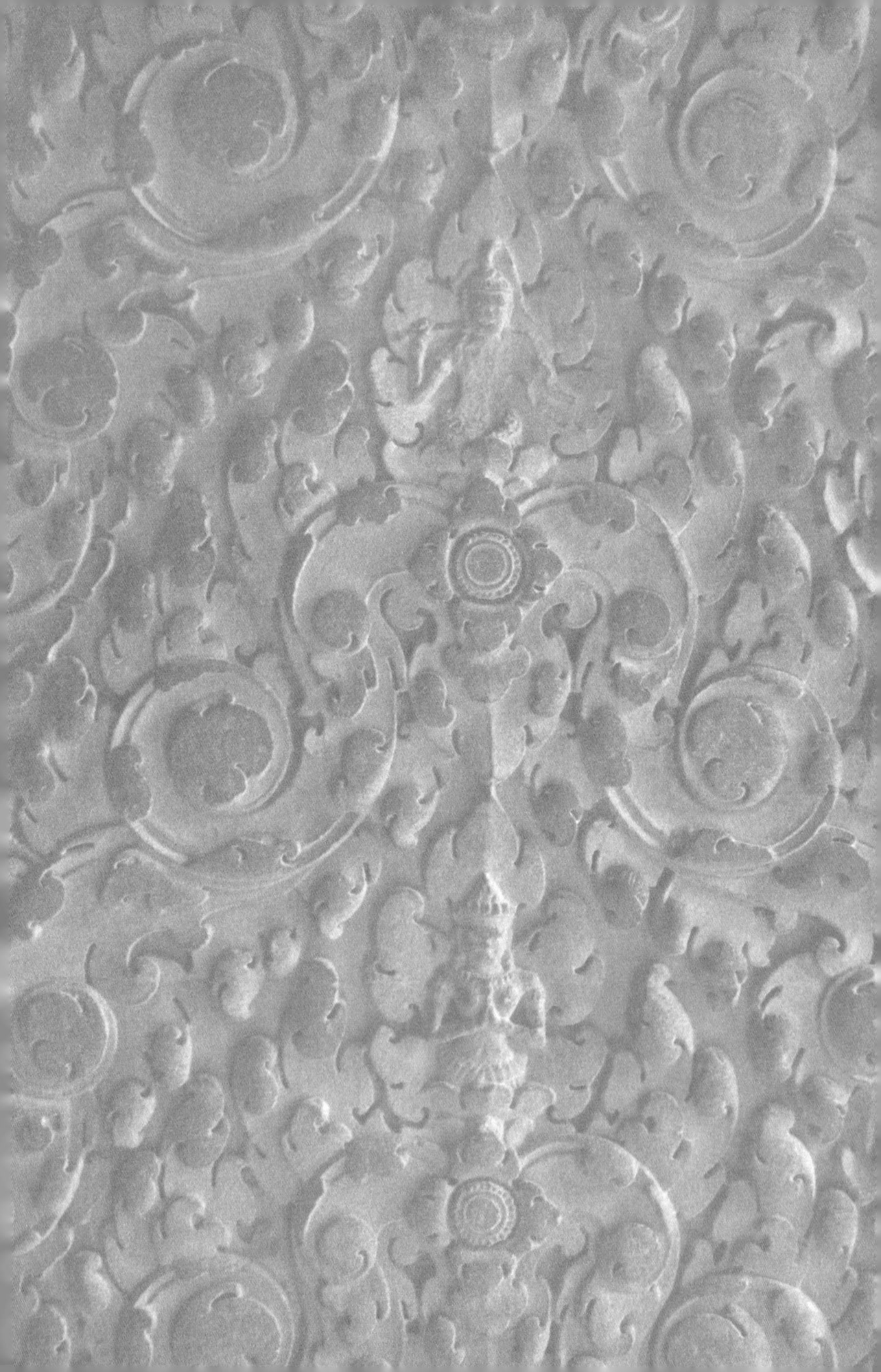

Cambodia Arirang

캄보디아 아리랑

사회, 생활

필자의 경우 캄보디아에 적응을 하는데 고민을 할 필요가 없었다. 자신의 일인 것처럼 도와주시는 분들이 있었기 때문이다. 예를 들면 인터넷 지식 검색 사이트가 부럽지 않을 정도로 이곳에 대해 해박하고 많은 정보를 갖고 있는 분들이 있는가 하면, 현지인들과 의사 소통이 자유로운 분들도 있기 때문이다. 그 분들 덕분에 그야말로 만사가 순탄했다. 물론 지금도 그렇다.

요즘 캄보디아에 한인들이 부쩍 늘고 있다. 그들은 관광, 사업차, 선교활동, 구호 및 봉사활동, 그리고 드물게는 학업 등의 목적으로 캄보디아 땅을 밟는다. 특히 관광의 경우 한국인이 전체 외국인 방문자의 16.4%를 차지하면서, 4년 연속 1위를 기록하였다고 한다. 또한 2008년 1월 기준 캄보디아에 거주하는 우리 동포는 약 3,000여명으로 추산되고, 이들 중 대부분이 프놈펜에 거주하고 있으며, 시엠립에 900여명, 시아누크빌 등 기타지역에 150여명이 거주한다고 한다. 이제 캄보디아는 새로운 미지의 세계에서 우리에게 좀 더 가깝게 다가오는 나라이다. 캄보디아에 대해 '앙코르 왓'이나 '킬링필드'의 기억에서 벗어나 깊이 이해할 수 있는 기회를 제공하고자 한다.

① 캄보디아 뚤뚬붕에 있는 한인이 경영하는 '로뎀나무'라는 퓨전국수집

② 캄보디아 시아누크 도로의 '킴마트'라는 한인식품점

해외에 거주하다 보면 가장 어려운 것이 의사 소통의 문제일 것이다. 장기적으로 정착하기 위해 제일 먼저 해결해야 할 일이기도 하다. 그나마 다행히 캄보디아는 영어, 불어, 중국어 등을 조금만 할 수 있어도 거의 말이 통하게 마련인데 이런 경우는 '열공파'들 에게나 해당될 뿐, 영어는 짧고, 불어는 외계어처럼 느껴지고, 중국어와 한자만 보면 알러지가 솟는 필자에게는 언어의 장벽이 태산보다 높게만 느껴졌다.

언어 문제에 대한 해결 방법은 두 가지이다. 첫 번째는 불가능한 게 뭐가 있으랴 하는 도전 정신으로 언어의 장벽을 넘기 위해 다시 공부를 하는 것이다. 또 하나는 조금 바가지 쓰거나 억울하더라도 그냥 맘 편히 돈으로 해결하는 것이다. 그렇지만 나의 경우 후자를 택할 수가 없었다. 왜냐하면 돈이 충분치 않기 때문이다.

단기적인 체류일 경우는 오기 전에 캄보디아 관련 사이트나 포럼 등을 통해 사전 정보를 얻거나, 지인들을 통해 조력 파트너를 섭외해 두는 것도 좋은 방법이다.

물론 중 · 장기로 거주하는 사람들도 캄보디아에서 정착할 때까지 도움을 받을수 있는 사람이 있다면 캄보디아로 오기 전에 사전에 연락하여 도움을 받을 수 있도록 준비하는 것이 좋으며 이때 호텔도 좋지만 혹 여유가 된다면 도움을 받을 수 있는 분의 집에 잠시 머물러 있으면서 지낸다면 상당히 도움이 될 것이며 또한 관련 자료를 스크랩해서 가지고 오면 도움이 될 것이다. 일반적으로 중, 장기로 오는 분들의 경우는 집, 전화 구입, 은행 계좌 개설, 자동차, 자녀교육이 전반적이며 기타 물품 구입 등이 급선무일 것이다. ⓒ 조성규

① 캄보디아 뚤곡에 위치한 '비원'이라는 한정식 식당. 한국에서의 맛 그대로를 느낄 수 있는 음식점의 하나이다.

② 캄보디아의 모니봉에 위치한 무역회사

이주민들이나 여행자들에게 있어 외국 생활은 그야말로 '낯섦'의 연속이다. 어느 나라든 그 나라에서만 통용되는 풍습, 문화, 취향 등이 있기 때문이다. 그러나 우리는 종종 타향에서까지 오랜 시간 동안 익숙해져 버린 생각과 습관을 떨치지 못하고 무심코 행동하다 큰 낭패를 당하게 된다. 그리고는 '다른 것'을 '틀린 것'이라 불평하곤 한다. 외국 생활을 하는 이들은 세상을 처음 접하는 아기처럼, 사소한 것 하나에도 신중하고 조심해야 한다. 특히 '계약'과 관련해서는 더욱 그렇다.

한인 동포들이 캄보디아인들에게 피해를 입었다고 접수되는 사례들 중에는 캄보디아를 제대로 이해하지 못해 문제가 발생하는 경우가 많다. 그 중 주택을 임차 할 때 종종 발생하는 '월세와 보증금'에 대한 오해에 대해 이야기하고자 한다.

우선 캄보디아에서 외국인들이 임차할 수 있는 주택의 종류와 계약 시 유의해야 할 점부터 생각해보자. 캄보디아로 이주하거나 장기간 체류하게 될 경우, 외국인이 안전하게 거주할 수 있는 제한된 구역 내에 위치한, 한국인이 경영하는 호텔식 아파트나 서비스형 아파트를 이용하는 것이 좋다. 단, 인근 국가에 비해 임차료가 비싸다는 단점이 있다. 외국인용으로 건축된 아파트 및 대부분의 단독주택에는 소파, 침대, 붙박이장, 식탁 등 기본적인 가구를 비치하고 있다. 그러나 TV, 냉장고 등 기본 전자제품의 경우에는 임대인과의 협의를 통해 제공받을 수 있다.

중심가에 위치하고, 방 5개 이상에 주차장이 구비된 양질의 단독주택을 임대하려면, 월 US$ 2,000~2,500 이상의 임차료를 지불해야 한다. 그러나 이렇게 규모가 큰 단독주택의 경우 부담되는 임차료는 물론, 치안 문제, 잦은 정전에 따른 짜증 상승과 과다한 전기요금 부담 등의 문제점이 있다. 예를 들면 에어컨을 2~3개 정도 사용할 경우에 월 US$ 500 내외의 경비가 추가된다. 그러므로 가족 수가 적다면 월 US$ 1,000 이하의 중저가 단독주택을 임차하는 것도 괜찮다. 참고로 계약하기 전 에어컨 및 제반 시설을 꼼꼼히 체크하여 문제점이 발견되면 임대인 측 부담으로 수리한 후 입주하도록 한다.

마음에 드는 집을 찾았다면 마지막으로 임대차계약의 단계가 남아있다. 캄보디아에서 집이나 사무실 등을 임차하고자 할 때 의례 보증금(Deposit)과 렌트비(fee)를 요구 받게 되는데, 렌트비는 다들 알다시피 다달이 지불하는 집 이용료를 말한다. 우리나라에서는 매달 지불하기 때문에 '월세'라고 부르는데, 캄보디아에서는 3~6개월 분을 선불로 지급하는 것이 관례이다.

Deposit은 보증금이다. 그런데, 무엇에 대한 보증금인지 따져보지 않는 사람이 의외로 많다. 월세에 대해서는 민감하면서, 그보다 금액이 더 큰 보증금에 대해서는 오히려 무심한 것이다.

보증금은 2가지가 있다. 하나는 대상이 된 부동산을 온전한 상태로 원주인에게 되돌려주는 것을 담보하는 보증금이고, 다른 하나는 약정한 월세를 매달 충실히 지급할 것을 담보하는 보증금이다.

우리나라에서는 보통 후자의 의미를 말한다. 그래서 월세가 조금 밀려 있어도 보증금이 아직 남아 있다면, 큰 문제가 되지 않는다. 그러나 캄보디아의 경우에 해당하는 전자는 월세가 밀리는 것과 보증금과는 별개이다. 월세가 밀린다면 보증금이 아무리 많이 남아 있다 해도, 원주인은 퇴거를 요청할 수 있다. 세입자는 밀린 월세를 제한 나머지 보증금을 돌려주기 전에는 나갈 수 없다고 버틸 것이다. 그러면 원주인은 집 또는 사무실에 하자가 있는지, 임대했던 집기들의 상태는 온전한지 살펴본 후, 그 손해액과 밀린 월세를 뺀 나머지만 돌려 주겠다고 할 것이다. 심한 경우, 법원의 판결을 받아보자면서 없어진 집기 목록, 집에서 발생된 하자 목록들을 부풀려 대기도 한다. 그러므로 처음 계약할 때부터 계약서에 보증금의 성격을 정확히 명시해 두지 않으면, 머지않아 후회하게 될 수도 있다. ©박형아

캄보디아의 수도인 프놈펜의 주택가로 치안이나 환경 등이 비교적 괜찮은 편이다.

이런 불상사가 생길지도 몰라서 처음 계약하던 날 계약서를 쓰려고 했는데…. 당시 집주인은 계약서는 안 써도 된다고, 다른 집은 집세를 올려도 우리 집은 올리지 않겠다고 구두로 약속한데다 증인도 있었기 때문에 마냥 믿었건만 결국은 이렇게 된 것이었다. 하지만 서면으로 남기지 않았으니 어찌하겠는가? 증명할 길이 없었다.

어릴 때 한번쯤 불조심을 주제로 포스터를 그려 본 기억이 있을 것이다. 그 중 가장 기억에 남는 표어를 말해보라고 하면 십중팔구 '꺼진 불도 다시 보자!'라고 답하지 않을까? 당시 그 표어는 말 그대로 화재 예방 차원에서 작은 불씨가 큰 화재를 만들 수 있으니 그 뒤처리에 신중을 기하자는 의미로 만들어진 것이었다. 필자는 이 표어를 응용해서 캄보디아에서 약속이나 계약을 해야 할 경우, '한 번 한 약속도 다시 한 번 확인하자.'라고 고쳐서 말하고 싶다.

모두가 그렇지는 않겠지만 캄보디아 사람들과의 구두 약속을 무턱대고 믿었다가는 뒤통수를 맞는 일을 당할 수가 있다. 그만큼 '신의'나 '약속'의 중요성에 대한 인식이 희박하다. 캄보디아인들이 근본적으로 악해서가 아니라 윤리 교육의 부재와 생활 습관 탓이다.

①
②

① 캄보디아 내에서는 비교적 작은 규모의 단독주택(빌라)
② 캄보디아 프놈펜에 있는 플랫하우스를 개조한 아파트형 주택

두 달 전쯤인가 필자가 세 들어 살고 있는 아파트의 모든 입주자들에게 집주인으로부터 편지가 왔었다. 2009년도 1월부터 집세를 월 $500로 올리겠다는 통보였다. 사실 필자가 살고 있는 아파트가 다른 주변 집값에 비해 싼 것은 사실이다. 그러나 나는 2008년 초에 재계약을 했기 때문에, 이번에 집세를 올리는 대상에서 제외되어야 한다고 생각했다. 우리나라의 경우 보통 전 · 월세 계약은 2년 단위로 이뤄지고, 그 기간 동안 계약 사항이 유효하므로 당연하게만 여겼던 것 같다. 나에게 편지가 온 것은 분명 착오일 것이라 생각하고, 이번 월세 내는 날에 집주인을 만나 확인해 보기로 마음먹었다.

며칠 전 집주인을 만나 그 편지에 대해 언급했더니 집주인은 태연하게 내게 보낸 것이 맞다고 하는 것이었다. 집주인에게 왜 집세를 $500로 올렸는지 물었다. 집주인의 이유는 다음과 같았다.

첫째는 주변의 시세에 어느 정도 맞춰서 올린 것이고, 둘째는 세금이 올랐기 때문이라고 했다. 전에는 월세의 10%를 세금으로 냈었지만 지금은 11%를 내야 한다고 한다. 셋째는 직원들의 월급이 올라서 어쩔 수 없이 올리게 되었다고 했다. 그렇다 하더라도 나는 이미 재계약을 한 상태이니 제외되어야 하는 게 옳지 않은지, 그리고 집세를 올리더라도 내가 살고 있는 집은 앞집이나 뒷집과 비교하여 크기도, 조건도 다르니 똑같이 $500를 올리는 건 부당하지 않은지 따져 물었다. 하지만 집주인은 전혀 동요됨 없이 오히려 냉정하게 "4개월간 잘 생각해 보고 이 집에서 사는 것이 행복하지 않으면 나가도 좋다."고 말했다. 타협하지 않겠다는 것이었다.

캄보디아 지방도시인 '꼬꽁'의 어느 전통가옥. 한켠에 오토바이가 세워져 있는 것을 보면 중류층 이상의 집으로 보인다. 앞마당에는 닭과 개의 한가로운 모습도 보인다.

이런 불상사가 생길지도 몰라서 처음 계약하던 날 계약서를 쓰려고 했는데…. 당시 집주인은 계약서는 안 써도 된다고, 다른 집은 집세를 올려도 우리 집은 올리지 않겠다고 구두로 약속한데다 증인도 있었기 때문에 마냥 믿었다. 하지만 가만히 생각해보면 우리나라에서였다면 누군가와 계약을 할 때 옆에 증인이 한 명이 아니라 백 명이 있다 하더라도 구두로 약속한다고 해서 그대로 믿을 리 없을 것이다. 단지 이 곳이 캄보디아였기 때문에 내 무의식 속에서 이곳 사람들과의 약속이나 계약을 허술하고 만만하게 여겼던 게 아닐까? 결과적으로는 서면으로 남기지 않았으니 증명할 길 없는 내 책임이었다.

캄보디아에서 집 계약을 하게 될 사람들에게 한 번 더 당부하고 싶다. 계약을 할 때는 꼼꼼하게 계약 내용을 확인하는 것은 물론, 반드시 서면 계약서를 만들어 두길 바란다. 서면으로 계약했다 해도 그것조차 소용없을 수 있거늘, 하물며 구두 계약은 아무것도 하지 않은 것과 마찬가지다. 특히나 요즘처럼 집값이 요동을 칠 때면 주변 집세에 영향을 받는 집주인들은 조금이라도 더 돈 되는 세입자가 있다면 현재 살고 있는 사람에게 나가 줄 것을 요구하기도 한다니, 정말 하루 아침에 길거리에 나앉는 일이 생길 수도 있는 것이다. 그러므로 '한 번 한 약속도 다시 한 번 확인하자!' ©조성규

캄보디아 전통가옥 중의 하나인 수상가옥의 모습

캄보디아의 치안은 매우 허술하여 가격이 좀 비싸더라도 아파트로 이사하거나, 개인 빌라에 거주할 경우 경비원을 고용하기도 한다. 일전에도 국제 NGO단체에 도둑이 들어 금고를 통째 가져간 사건이 있었다. 소 잃고 외양간 고치는 셈이긴 했지만 그 단체는 이후로 사무실에 일정 금액 이상의 현금은 두지 않기로 했다고 한다.

얼마 전에 가까이 지내는 선교사가 밤 늦은 시간에 가족들과 공항에 다녀온 사이 도둑이 들어 매우 놀랐다는 이야기를 하였다. 보통 도둑들은 돈만 훔쳐 가는데, 이 도둑은 제법 배짱이 두둑했던지 침대며 서랍장, 심지어 화장실까지 구석구석 뒤져 불과 1시간 반 동안에 엄청난 업적(?)을 이루고 갔다고 한다. 부피가 큰 것은 그냥 두고 가벼우면서도 돈이 될 만한 전자제품 위주로 싹쓸이 해갔다고 하니 수법이 보통이 아닌 듯 했다. 주변 현지인의 이야기로는 아마도 청소년의 소행일 것이라고 한다.

불행 중 다행인 것은 일단 인명피해가 없었다는 것이다. 현지인들의 이야기로는 그런 도둑들은 마약을 하는 경우가 많아, 만약 범행 도중 방해가 되는 누군가가 나타나면 무슨 짓을 저지를지 모른다는 것이다. 하지만 아무리 인명 피해 없는 것에 감사한다 하더라도 그 선교사를 생각하

캄보디아 프놈펜에 있는 고급 주택가로 비교적 치안 관리가 잘 되어있다.

니 참 안타까운 마음을 금할 길이 없다. 도둑이 노트북과 외장 하드디스크 등을 훔쳐갔는데, 거기에는 오랫동안 작업한 모든 자료들이 저장되어 있어 다시 자료를 수집하고 만들려면 엄청난 시간과 노력이 소요될 것이기 때문이다. 필자도 오랫동안 사용하던 컴퓨터의 고장으로 자료가 모두 지워져 근 1년을 넘게 불편을 겪은 경험이 있어 그 고충을 충분히 이해하고도 남는다.

캄보디아의 치안은 매우 허술하여 가격이 좀 비싸더라도 아파트로 이사하거나, 개인 빌라에 거주할 경우 경비원을 고용하기도 한다. 일전에도 국제 NGO단체에 도둑이 들어 금고를 통째 가져간 사건이 있었다. 소 잃고 외양간 고치는 셈이긴 했지만 그 단체는 이후로 사무실에 일정 금액 이상의 현금은 두지 않기로 했다고 한다.

이번 도둑 사건을 계기로 그 선교사는 대문에 자물쇠를 안으로 걸어 잠그는 장치를 했다고 한다. 대문의 양쪽 문고리 위치에 손만 들어 갈 정도로 구멍을 뚫고, 그 안으로 손을 넣어 안쪽에서 자물쇠를 채워 잠그는 것이다. 안전하다고 생각했던 집에 갑자기 도둑이 들어 이웃 현지인들도 꽤나 놀란 모양이다. 모두들 자물쇠를 새로 설치하고 있다고 한다. 혹시 아직도 외출 시 바깥에서 자물쇠를 걸어 잠그는 분들이 계시면 $15 들여서라도 안으로 잠그는 자물쇠를 만들어 보시길…. 그렇다 하더라도 작정하고 침입(?)하려는 도둑의 눈에는 허술한 부분이 보일 테니 그저 항상 꼼꼼하게 살피고 조심해야 할 일이다. 소 잃고 고친 외양간, 이제부터라도 철저하게 유지 · 관리하면 결코 헛된 일이 아닐 것이다. ⓒ조성규

프놈펜의 한 지역에 있는 일반적 주택의 형식인 '프데아르빙'으로 대문의 형식이 거의 똑같으며, 외출 시에는 자물쇠로 잠금장치를 하여야 한다.

외국에서 생활하려면 항상 몸조심 해야 한다. 건강 관리를 말하는 것이 아니라 소매치기나 강도 등을 조심해야 한다는 것이다. 캄보디아도 사람 사는 곳이라 외국인을 대상으로 종종 강도사건이 일어난다. 같은 해 우리나라와의 통계를 비교해 보면 강도 사건은 약 2배, 절도는 20배나 더 발생하고 있다. 수치상으로는 우리나라가 범죄율이 더 높다.

바쁜 일과를 마치고 평소보다 일찍 집으로 돌아온 나를 온 가족이 반겨준다. 사랑스러운 아내는 따듯한 미소를 지으며, 의젓한 큰 아들은 씨익 웃으며, 개구쟁이 둘째 아들은 활짝 웃으며, 귀염둥이 막내 딸은 내 팔에 매달려 애교를 부리며 나를 맞이한다. 가장 행복한 시간이다. 모두들 아빠의 생일을 축하한다며, "생일 축하합니다!" 노래를 부른다. 아빠가 소원을 빌기도 전에, 장난꾸러기들이 먼저 촛불을 꺼버린다. 아이들의 이런 재롱마저 행복한 추억으로 차곡차곡 쌓여가는 것을 느낀다.

이때, 전화벨이 울린다. 온 가족이 긴장한다. '제발, 급한 일은 아니어야 할 텐데….' 간절히 바랬지만, 기대는 빗나갔다. 한국인이 3인조 강도에게 당했다고 한다. 시계를 보니 10시 30분….

"나가야 돼?" 아내는 내가 나가야 하는 걸 뻔히 알면서도 혹시나 하는 마음으로 물어본다. 아내의 눈을 똑바로 쳐다 볼 수가 없다. 미안한 마음뿐이다. 이제는 아이들도 매달리지 않는다. 서로들 짧은 시간에 긴 행복을 느끼는 연습 중이다.

캄보디아 경찰청 통계 자료에 의하면 2007년 한 해 동안 발생한 강도사건은 총 645건, 이 외에 연간 3천 여 건의 날치기, 소매치기가 발생한다고 한다. 언뜻 들으면 '캄보디아는 정말 위험해서 사람 살 곳이 아니구나...'라고 생각하겠지만, 같은 해 우리나라의 경우 발생한 강도사건은 총 4,431건, 절도는 212,589건이었다. 우리나라 인구가 캄보디아의 3.4배가량 되는 것을 감안하더라도 강도사건은 약 2배, 절도는 무려 20배나 더 발생한 셈이다. (물론, 캄보디아 경찰청 통계자료를 신뢰하기에는 다소 무리가 있긴 하지만...)

사실 수 년 전만해도 캄보디아의 치안상태는 열악하여 야간에 외부출입을 하는 것이 매우 위험했으나, 최근에는 일부러 선선한 저녁에 외출을 선호할 정도로 상태가 좋아졌다. 그러나 아직도 외국인들을 대상으로 한 강도, 절도 사건은 빈번한 편이므로 여행자들은 각별히 조심해야 할 필요가 있다. 특히 한국인이 부유하다는 인식이 있어서 종종 그들의 타겟이 되는 경우가 있다.

빠른 길로 간다고 우회도로로 접어들었건만, 더 시간이 걸리는 듯 했다. 공항으로 가는 동안 전화로 캄보디아 경찰들을 깨웠다.
"한국 사람이 3인조 강도를 당했다. 조치를 취해 달라."
"알았다. 확인해 보겠다."

마침, 피해자는 대한항공에 근무하시는 분의 도움으로 이미 응급치료를 받은 상태였다. 그러나 조기 치료를 제대로 하지 못해 상처가 심해지는 경우도 있으므로 병원에 가자고 권유했다. 피해자는 병원은 가기 싫고 여권을 강탈당했으니, 빨리 출국할 수 있도록 여권 문제만 도와달란다. 캄보디아 경찰에 신고하려고 했더니 그것도 싫단다. 캄보디아 경찰이 무슨 도움이 되겠느냐며 거부한다.

그의 마음이 이해가 갔다. 캄보디아에 처음 도착하는 순간 이러한 사고를 당하였으니 빨리 떠나고 싶은 마음 뿐이리라. 나는 "그러시면 안 됩니다. 또 다른 한국사람들이 이런 일을 당하지 않도록 경찰에 신고해 두어야 합니다."라고 설득했고, 그는 결국 나를 따라 나섰다.

일단, 공항 앞 이민국까지 가면서 전화로 인터폴국장, 경찰청 차장, 프놈펜 경찰청장, 프놈펜 경찰청 부청장들에게 연락했지만, 돌아오는 대답은 "내일 연락하라."는 것이었다. 늦은 시간, 달콤한 휴식을 방해할 수 밖에 없는 내 마음도 편치는 않았지만, 초동 수사를 해도 될까 말까 한 상황에 내일 연락하라니 황당했다. 이민국 부국장에게 전화했다. 수사문제는 차치하더라도 여권 문제를 빨리 처리하기 위해 그렇게라도 해야 할 것 같았다.

부국장이 나오기를 기다리는 동안 피해자의 다리에 응급 처치한 붕대가 풀려 다시 피가 흐르기 시작했다. 우선 병원으로 갔다. 피해자가 치료 받기를 기다리는 동안 동행했던 임신 8개월의 임산부에게 사건의 정황을 물어 보았다. 그녀가 '툭툭'을 타고 공항에 거의 도착했을 무렵, 공항 앞 큰 길에서 오토바이에 탄 3명이 '툭툭'을 막아 세우더니, 다짜고짜

① 캄보디아 프놈펜 국제공항 입구로 태국의 귀빈을 환영하기 위해 태국 국기가 나란히 걸려있다.
② 공항 입구에서 대기중인 '툭툭'은 캄보디아 대중교통 수단 중의 하나로 단거리 이동에 적당하다.
③ 공항전용 택시로 공항에서 시내까지만 운행한다. 시내에는 별도의 미터택시가 있으며, 총 2개의 택시회사 있는데 이 중 하나는 한국사람이 운영한다.

핸드백, 가방들을 빼앗으려 했다고 한다. 우연히 이를 본 피해자가 그녀를 보호하려고 강도들을 제지하자 그들은 흉기로 그의 오른쪽 무릎 아래를 찔렀다고 한다. 강도들은 청소년들 같았으며, 밤중이라 인상착의는 기억하지 못한다고 했다.

피해자에게 아무런 도움이 되지 못하는 것 같아 마음이 편치 않았다. 피해자는 연세가 많아 피곤하실 텐데도 이것저것 물어보는 내게 상세하게 대답해 주었다. 되려 계속 죄송하다, 고맙다고만 하였다. 나는 괜히 경찰에 신고하자고 했던 것은 아닌지 후회스러웠다. 경찰은 아무 도움도 주지 못했고, 결과적으로 병원으로 이동할 시간만 허비한 셈이 되었기 때문이다. 경찰 대부분이 연락이 되지 않아 초동 수사는 이뤄지지 못했지만, 토요일 밤 10시에 전화를 받고 나와 준 이민국 부국장에게는 매우 고마웠다.

사건을 마무리하고 집에 돌아와 보니 새벽 1시 30분. 천진한 두 아들은 아무렇게나 쓰러져 꿈나라를 헤매고 있었고, 사랑하는 아내 역시 어린 막내딸을 끌어안고 곤히 잠들어 있었다. ©박형아

크메르어과 영어로 표기되어 있는 캄보디아 프놈펜 경찰청 사인

NO SMOKING

캄보디아의 외식문화는 동남아의 다른 나라들과 비슷하다. 왜냐하면 전기, 조리시설, 냉장기기 등이 보편적이지 않기 때문이다.

캄보디아에서 쓰레기 재활용을 하지 않는 것은 아니다. 한꺼번에 버려진 쓰레기는 하치장이나 중간 집합장소로 이동되는데, 여기에 플라스틱 병이나 캔을 고르는 아이들과 어른들이 있다. 필자가 토요일마다 축구하고 있는 운동장에도 어린이들이 열심히 버려진 플라스틱 병을 모으는 것을 모습을 쉽게 발견할 수 있다. 그들에게는 그것이 생계 수단인 것이다.

이곳 캄보디아에 살면서 쓰레기 처리에 대한 부분은 매우 편했다. 비닐봉투 하나에 온갖 종류의 쓰레기를 다 집어넣어 두어도 알아서 수거해 가기 때문이었다. 하지만 마음까지 편하지는 않다. '이래도 되는 것인가? 환경오염의 위험은 없을까?' 싶어 불편한 마음으로 버리게 된다.

습관이란 게 무서운 것이라 처음 이곳에 와서는 한국에서처럼 음식물 쓰레기, 재활용 쓰레기, 일반 쓰레기를 구분해서 버리기도 했다. 하지만 얼마 가지 않아 그렇게 할 필요가 전혀 없다는 것을 깨달았다. 내가 아무리 정성껏(?) 쓰레기를 분리해 놓아도 수거해 갈 때는 한꺼번에 한 차에 쓸어 담아 가지고 가는 것이었다.

쓰레기 차를 골목에서 가끔 마주치는 데, 차 뒤로 청소부 2~3명이 따라가며 거리의 쓰레기를 차에 싣는다. 그런데 쓰레기 봉투가 제대로 묶

우리나라 70년대를 연상케 하는 캄보디아의 쓰레기 수거 모습. 아직 분리수거하고 있지는 않다.

여 있지 않거나, 쓰레기 차를 향해 던지다 봉투가 터지는 경우, 그걸 일일이 치우다가는 쓰레기 차의 속도를 맞추지 못하니 그냥 두고 가버려 골목이 더 지저분해지는 경우가 많다.

무더운 날씨에 쓰레기를 치우는 청소부들의 모습을 보면 참 안스러운 마음이 생긴다. 가만히 앉아만 있어도 더운 날씨에 무거운 쓰레기를 나르랴, 쓰레기 차를 쫓아 이리저리 뛰어다니랴, 흩어진 쓰레기를 허겁지겁 치우랴…. 더구나 청소부들은 눈만 내 놓은 채 수건이나 옷으로 얼굴을 모두 덮고 다니는 경우가 대부분이다. 그러니 얼마나 답답하겠는가? 보통 우리나라는 밤과 새벽에 쓰레기를 수거하는데 비해, 이곳은 가장 더운 시간에 수거하느라 더욱 고생이 많겠다는 생각이 든다.

그렇다고 캄보디아에서 쓰레기 재활용을 하지 않는 것은 아니다. 한꺼번에 버려진 쓰레기는 하치장이나 중간 집합장소로 이동되는데, 여기에 플라스틱 병이나 캔을 고르는 아이들과 어른들이 있다. 필자가 토요일마다 축구하고 있는 운동장에도 어린이들이 열심히 버려진 플라스틱 병을 모으는 것을 모습을 쉽게 발견할 수 있다. 그들에게는 그것이 생계수단인 것이다.

언젠가는 이 땅에도 쓰레기 분리수거가 이루어지겠지만, 막연히 기다리기 전에 먼저 경험이 있는 우리 교민들이 시범을 보여주면 어떨까 싶다. 한 사람 한 사람의 시범과 노력이 내 집 앞, 우리 골목을 깨끗하게 만든다면 이곳 현지인들도 보고, 배우고, 실천하게 되지 않을까? ©조성규

캄보디아의 어느 아낙이 재활용품을 수거하고 있는 모습

늘어선 가게들 중 한 곳에 들어가 전화번호를 골랐다. 그때 산 번호는 7자리다. 6자리 번호가 회선이 모자라 증설하면서 생긴 것이 바로 7자리 번호였다. 그 가게에서 전화기도 판매하고 있기에 내친김에 전화기도 구입하려고 이것저것 고르다 애국하는 마음(?)으로 우리나라의 제품을 샀다.

대부분의 사람들이 캄보디아에 도착하면 제일 먼저 사는 것이 집이다. 하지만 필자는 집을 계약하기 전에 전화기를 사면 바로 사용할 수 있도록 심카드(핸드폰 전화번호)부터 구입했었다. 한국에 있는 지인들에게 전화번호라도 먼저 알려 주기 위해서였다. 그리고 전화기를 샀다. 아니, 엄밀히 말하면 '전화번호'를 샀다.

실제로 한국에서도 60~70년대에는 전화번호를 사고 팔았던 적이 있다고 들었다. 이는 전화회선의 부족 때문에 생긴 제도로 '청색전화'와 '백색전화'가 있었다. '청색전화'는 일종의 임대전화로, 한국통신으로부터 회선(전화번호)을 일정기간 동안 임대를 받아서 사용하는 전화를 말하는데, 이는 사용권을 남에게 양도할 수 없었다. 반면 '백색전화'는 전화번호 자체를 구매한 것으로 사용권을 남에게 넘겨줄 수 있었다. 백색전화는 특히 사업을 하는 사람들이 매매하는 경우가 많았다.

그 시대에 어린 아이에 불과했던 필자에게는 '전화번호'를 산다는 말 자체도 낯선데, 전자상가 같은 곳에 늘어선 '전화번호를 파는 가게'들을 보니 더욱 생소했다.

늘어선 가게들 중 한 곳에 들어가 전화번호를 골랐다. 그때 산 번호는 7자리다. 6자리 번호가 회선이 모자라 증설하면서 생긴 것이 바로 7자리 번호였다. 그 가게에서 전화기도 판매하고 있기에 내친김에 전화기도 구입하려고 이것저것 고르다 애국하는 마음(?)으로 우리나라의 제품을 샀다. 아주 비싸지는 않았지만 캄보디아에서는 무엇을 사든, 무조건 현금으로 구매해야 하다 보니 목돈 나가는 것만 같은 마음을 감수해야 한다.

어찌되었든 아이들 손에서 많은 시달림을 받고, 가끔 책상에서 떨어지거나 집어 던져지는 수모를 겪기도 했는데 그래도 고장 없이 잘 버티고 있으니 목돈(?)값은 하고 있다고 생각한다.

하지만 이 튼튼한 전화기에도 고질병이 하나 있었으니, 바로 통화품질이다. 같은 장소에서 통화를 해도 통화 품질이 오락가락한다. 방금 잘 통화했는데 다시 걸면 네트워크 장애라고 하거나, 교환수의 목소리가 들려오는 경우가 부지기수이다. 뿐만 아니라 현지인에게서 잘못 걸려오는 전화도 자주 있다.

이런 까닭으로 휴대전화를 쓰는 경우가 많아졌다. 필자뿐만 아니라 캄보디아의 현지인들도 통화품질이 나쁘고 사용 요금도 비싼 유선전화 대신 휴대전화를 많이 이용하고 있다. 또한 우리나라의 경우 유선 전화가 휴대전화에 비해 가격이 현저히 낮지만, 캄보디아에서는 유선전화의 가설 비용은 요즈음 $50미만이고, 휴대전화는 $30~700정도로 편차가 심한 편이다. 이러한 이유로 캄보디아에서는 2006년도 기준, 휴대전화 가입자가 115만 명을 넘어섰다고 한다. 전체 인구의 약 8%이상이 휴대전화를 보유한 셈이다. 물론 전체 인구의 92%이상이 휴대전화를 보유한 우리나라와 비교하면 매우 적은 수치이지만, 유선전화 가입자수에 비하면 무려 35배에 해당한다.

얼마 전에는 멀쩡한 휴대전화가 저절로 전원이 꺼지길래 '드디어 새 휴대전화로 바꿀 수 있는 절호의 기회가 왔구나.' 싶어 내심 쾌재를 불렀다. 그래도 마지막으로 내가 멀쩡한 휴대전화 놔 두고 헛돈을 쓰는 게 아니라는 확인 절차는 거쳐줘야 할 것 같아 다른 사람의 충전기를 빌려 충전을 해 보았다. 그런데 이상이 없이 충전이 잘 되는 것이 아닌가!. 결국 충전기만 $4 주고 샀다. 이 휴대전화 역시 튼튼함을 자랑하며 지금까지 잘 사용하고 있다.

전화기를 사용하면서 많은 오해를 사기도 한다. 멀쩡하게 통화하다 갑자기 끊어지는 경우 때문인데, 대부분의 사람들은 이럴 경우 다시 통화가 될 때까지 전화 연결을 시도하는 듯 하다. 필자의 경우는 한 번 시도 해보고 연결이 안되면 '다시 걸려오겠지….'하는 마음으로 기다리는 편이다. 이럴 때 건방진 사람으로 오해를 받게 되는 것 같다. 이런 억울함(?)을 당할 때는 전화가 오히려 불편하다는 생각을 한다. 전화의 편리를 실컷 이용하면서 이런 불평을 하는 건 조금 미안하지만…. ©조성규

①	
②	③

① 컴퓨터와 주변기기 등을 파는 전자기기 전문 쇼핑센터
② 해외 전화용 카드판매소의 안내사인
③ 카드 판매소에 진열되어 있는 전화카드

요즘도 인터넷과 전화의 이러한 속도 및 품질의 문제는 쉽게 해결되지 않고 있다. 휴대전화의 경우도 통화 도중 끊어지거나 아예 연결조차 안 되는 경우가 있다. 심지어 2~3일씩 유선 전화는 물론, 인터넷이 마비되어 여행객들과 현지 교민들이 큰 불편을 겪는 일도 더러 있다. 이는 캄보디아 자체 네트워크가 없어 태국으로부터 광역 통신케이블을 끌어다 쓰는데, 이것이 파손되면서 벌어지는 현상이다.

캄보디아에서 인터넷이나 전화를 사용하는 사람들은 종종 '왜 이렇게 전화가 잘 끊어지냐?' 고 불평하곤 한다. 중요한 메일이나 보고서를 정성껏 작성하여 보내려는 순간이나 파일을 다운로드 받고 있는 도중 인터넷이 끊어졌을 때 밀려오는 그 허무함이란… 또한 이 곳에서는 은행 업무를 인터넷으로만 해야 하다 보니 늘 긴장이 되곤 한다.

컴퓨터를 수리 받아야 하는 경우는 더욱 심하다. 왜냐하면 캄보디아의 AS 기사들의 경우 대부분 프로그램 설치용 드라이버를 갖고 있지 않아 매번 인터넷을 통해 다운받아야 하는데, 이게 보통 인내심을 요하는 일이 아니다. 한국이라면 1~2분이면 끝날 드라이버 다운로드와 설치가 여기서는 일주일이 꼬박 걸린다.

요즘도 인터넷과 전화의 이러한 속도 및 품질의 문제는 쉽게 해결되지 않고 있다. 휴대전화의 경우도 통화 도중 끊어지거나 아예 연결조차 안 되는 경우가 있다. 심지어 2~3일씩 유선 전화는 물론, 인터넷이 마비되어 여행객들과 현지 교민들이 큰 불편을 겪는 일도 더러 있다. 이는 캄보디아 자체 네트워크가 없어 태국으로부터 광역 통신케이블을 끌어다 쓰는데, 이것이 파손되면서 벌어지는 현상이다.

많이 받는 질문 중 하나가 '어느 회사의 인터넷 서비스가 좋으냐?'는 것이다. 딱히 어디가 좋다고 말할 수는 없다. 그 이유 중 하나는 캄보디아의 인터넷 서비스는 가격대 별로 종류가 다양하고 각각 특징이 다르기 때문이다. 당연한 얘기겠지만 월 사용료가 비쌀수록 품질이 더 좋다.

또 한 가지 이유는 회선 부족의 문제 때문이다. 어느 특정 상품에 사람이 몰리면 타 상품이나 회사보다 속도가 늦어지게 된다. 그러므로 여기 캄보디아에서는 남들이 많이 사용하는 상품보다 사용자의 이용 특성에 맞는 상품을 찾는 것이 중요하다.

참고로 캄보디아에서는 인터넷이 모뎀을 사용하기 때문에 인터넷을 사용하려면 반드시 유선전화를 먼저 설치해야 한다. 유선전화를 설치하긴 하지만 휴대폰 사용료보다 비싸서 대부분 인터넷 설치용으로만 사용되고 있다. 인터넷 속도는 64kbps~256kbps 정도로 한국의 100Mbps는 여기선 그야말로 '빛의 속도'다. (1000kbps=1Mbps) 인터넷 이용료는 보통 다운받은 파일 크기가 100Mb 이하인 경우 월 50달러, 100Mb 이상인 경우 추가 요금이 발생한다.

얼마 전에 통신관계자들이 모여 왜 휴대전화 연결이 잘 안 되는지를 놓고 공방을 벌였다는 신문 기사를 읽었다. 그것이 회선을 관리하는 곳과 회선 설비를 만드는 곳 중 누구의 잘못인지 가려내는 것은 차치하고, 이렇게 사람들이 통신 서비스의 불편함을 제기하고, 이를 해결하고자 모여 토론을 한다는 자체에서 희망을 본다.

작년에는 '깜신'에서 인공위성을 통해 인터넷을 서비스하는 상품이 출시되기도 하였다. 프로모션 기간이라 월 사용료만 지불하면 모든 서비스가 무료였고, 용량 제한도 없어 많은 사람들이 가입을 했다. 그러나 사용 회선수가 급증하면서 서비스 품질은 저하되었다. 프로모션 기간이 끝나고 원래 비용으로 돌아오자 비용에 대한 부담으로 탈퇴하는 이용자가 많아지면서 그때부터 회선 관리가 제대로 이루어져 서비스 품질이 많이 좋아졌다고 하는 이야기를 듣게 되었다.

최근 우리 나라의 첨단 IT기업들이 캄보디아에 진출하고 있다. 우리나라는 이미 2004년 캄보디아 정부의 중앙행정정보망 구축(GAIS)사업을 통해 프놈펜의 차량등록과 토지등록 시스템 등 행정업무를 전산화하였고, 2006년에는 지방행정 정보망 구축사업을 실시하여 수도 프놈펜과 시엠립, 시아누크빌 등 3대 주요 지방도시간 지역 통신망을 구축하고 IT센터를 설치했다고 한다. 그러니 인터넷을 할 때마다 솟구치는 한숨과 짜증을 조금만 참을지어다. 멀지 않아 달라진 캄보디아의 인터넷 인프라를 경험할 수 있을 테니…. ⓒ조성규

모비텔 통신회사에 판매하는 전화카드 및 심카드 관련 소비자센타

자동차 구입하기 _계약은 신중히!

외국에서 금액이 큰 물건을 사고자 한다면 반드시 문서로 내용을 확인하자. 구두로만 확인하고 계약금을 걸었다가는 필자와 같은 곤란한 상황을 겪을 수도 있다. 번거롭고 귀찮더라도 만약의 경우를 생각하고 신중해 질 것을 당부하고 싶다.

캄보디아에 와서 여러 경험을 했지만 기억에 남는 것 중 하나가 바로 자동차를 구입했던 일이다. 그 경험을 통해 다시 한 번 한국과 캄보디아의 차이점을 느꼈고, 구매와 거래에 있어서 신중하게 되었다.

1년여 전에 이곳 캄보디아에 도착하여 제일 먼저 집을 계약하고, 그 다음으로 한 것이 자동차 장만이었다. 가족들을 생각하다 보니 차량을 선택할 때 신경 쓰이는 것이 한 두 가지가 아니었다. 시내를 돌아다니며 여기저기 물어 보기도 했지만 썩 마음에 드는 차가 없었다. 한국 차량이라면 많은 정보를 얻을 수 있었겠지만, 이곳에는 거의 대부분이 외제 차량이다 보니 아는 정보가 별로 없었다. 고심 끝에 결정하게 된 것이 지금의 외국산 승용차였다. 이 차를 사게 된 경위는 이렇다.

아는 A선교사의 전화로 괜찮은 차가 있으니 한 번 보지 않겠냐고 해서 일러준 약속 장소로 나갔다. 약속 장소에는 A선교사는 나오지 않았고 대신에 캄보디아 군인 한 명이 기다리고 있었다. 그의 별명은 '장군'의 애칭인 '장구니'였다. 캄보디아 장군이 한낱 외국인의 중고차 계약을 위해 몸소 출두해 주다니 매우 놀랍겠지만 사실 이곳에서는 돈만 있으면 누구나 장군이 될 수 있어서 하늘의 별 만큼이나 흔하다. 흔한 대신 권력은 매우 약하다.

결국 선교사 없이 나만 '장구니'의 차를 타고 구입하려고 하는 차량을 보러 갔다. 자동차의 주인은 '장구니'와 잘 아는 사이 같았다. '장구니'가 크메르어를 영어로 통역하며 차량 가격을 흥정하기 시작했다. 차 주인이 처음 부른 차 값은 $6,000이었다. 94년도 10월 출시된 것을 감안하면 매우 비싼 가격이었다. 게다가 95년식 이라고 우기기까지 하는 주인에게 너무 비싸다고 했더니 $100 깎아 준다고 한다. 내게는 어림 없는 얘기였다. 아무리 곱게 봐도 도무지 그 가격에 이 차를 살 수는 없었다. 돌아설 듯 말 듯 한참을 또 흥정했더니 다시 $100을 깎아 준단다. 흥정에는 일가견 있던 터라 난 좀 더 세게 나가 $4,300이면 사겠다고 했다. 그랬더니 차 주인은 고개를 젓는다. 이런…. 하는 수 없이 마지막으로 $5,100 에 주면 사겠다고 했다. 그제서야 차량 주인이 OK 했다. 우선 계약금으로 $100을 주고 내일 다시 오겠다고 했다.

문제는 여기서부터 시작되었다. 난 분명 최종 가격을 $5,100로 이야기 했는데, 상대방은 $5,500로 듣고 승낙을 했다는 것이었다. 그렇다면 안 사겠다고 버텼다. '기껏해야 한국처럼 계약금만 날리면 그만이지.'라는 생각으로 배짱을 부린 것이다. 그러나 단순히 계약을 파기하는 걸로 해결될 일이 아니었다. 차량 주인의 얼굴 표정이 점점 험악해지더니 분위기가 심상치 않아졌다.

알고 보니 차량 주인은 매매상에 팔려고 했던 것을 내가 사겠다고 해서 그 가격($5,500)에 주겠다고 말했다는 것이다. 나중에 알았지만 이런 상황이 복잡해지고 운이 나쁘면, 목숨이 위태로울 수도 있다고 한다. 계약금을 돌려받지 못하는 것은 물론이거니와 상대방이 어떤 위협을 가할지 모른다는 것이었다. 그러나 중간에 A선교사와 '장구니'의 도움으로 결국 $5,300로 결정되었다. 만에 하나 잘못되어 일이 꼬이기라도 했더라면…. 등골이 오싹해진다. 요즈음은 칼도 잘 안 쓴단다. 총이 많아져서…. ©조성규

캄보디아 프놈펜 시내의 외국 자동차 전시장.
아직 비포장 도로가 많아서인지 여유 있는 사람들은 SUV차량을 선호한다.

나는 자전거의 도매 가격을 이미 알고 있던 터라 할머니에게 비싸다고 말하자 웃으며 $1 싸게 해준다고 하셨다. 겨우 $1 정도 깎을 생각이었다면 애초에 깎을 시도도 하지 않았을 것이다. 다시 한 번 비싸다고 말했더니 주인 할머니는 얼마면 되겠냐고 물어보았다.

얼마 전 큰 아이와 긴 협상(?)을 하였다. 협상의 내용은 큰 아이가 그토록 갖고 싶어하는 자전거를 1월에 있을 생일 선물로 사주는 것이 좋을지, 다가올 성탄 선물로 사주는 것이 좋을지 결정하는 것이었다. 아들은 생일 선물은 필요 없고, 성탄 선물로 받고 싶다고 하길래 함께 자전거를 사러 오르세이 시장(phsar O'Russey)으로 갔다.

참고로 프놈펜에는 크고 작은 재래시장들이 있는데, 그 중 가장 큰 규모의 유명한 시장 몇 개를 소개하자면 트메이 시장(phsar Thmei), 오르세이 시장(phsar O'Russey), 똘뚬붕 시장(phsar Tuol Tum Poong), 돔커 시장(phsar Deom kor), 올림픽 시장(phsar Olypic)이 있다. 이름을 통해서 눈치챘겠지만, '시장'을 캄보디아어로 쁘사(phsar)라고 한다. 트메이 시장은 한인들 사이에서는 보통 '센트럴 마켓'이나 '중앙시장'으로 불린다. '새로 만든 시장'이라는 의미의 트메이 시장은 1935년 프랑스인들이 건축한 건물이다. 비록 외벽은 많이 낡아 보수중이지만, 내벽과 돔 천장의 수많은 창문들로부터 빛이 들어올 때면 과장 조금 보태어 이스탄불의 하기야 소피아 성당 안에 있는듯한 착각이 들 정도로 우아하고 아름답다. 이 시장은 프놈펜 시내 중앙에 위치하고, 건물 중앙의 돔이 높이 솟아있어 시내 어디에서든지 잘 보인다. 생활용품, 육류, 과일, 기념품, 수공예품 등 다양한 품목들을 판매하고 있다. 단, 오후 6시면 문을 닫으니 여유 있게 쇼핑도 하고 음식들도 맛보려면 조금 서둘러 출발하는 것이 좋다.

중앙시장 남서쪽에 위치한 오르세이 시장(phsar O'Russey)은 2002년에 지어진 4층 건물로, 캄보디아 전체를 상대로 식료품을 공급할 정도의 큰 규모를 자랑한다. 특히 생선, 육류 등의 대량 구매가 가능하고 중고물품이나 소품을 판매하는 매장이 많은 것으로도 유명하다. 또한 야외에 수백 개에 이르는 간이식당들이 있는데, 여기서 파는 수천 가지의 음식을 맛보기 위해 현지인들 뿐만 아니라 관광객도 끊이지 않는다. 오르세이 시장은 밤 9시까지 개장하기 때문에 다른 시장에 비해 좀 더 여유 있게 둘러 볼 수 있다.

오르세이 시장보다 남쪽에 위치한 똘뚬붕 시장(phsar Tuol Tum Poong)은 보통 '러시안 마켓'이라는 이름으로 더 잘 알려져 있다. 1980년대 베트남의 지배하에 있던 시절, 프놈펜에 거주하던 러시아 인들이 즐겨 찾던 시장이라는 데서 그 이름이 유래하였다고 한다. 이곳은 골동품, 모사제품, 기념품 등을 판매하는 매장들이 많고, 중앙시장에 비해 가격이 좀 더 저렴한 것으로 인기가 높은데, 간혹 크메르 문화가 담긴 진품이나 국보급의 귀중품, 선사시대에 실제 사용하던 물건 들도 발견된다고 한다. 이처럼 볼거리가 풍부한 똘뚬붕 시장은 안타깝게도 오후 5시면 문을 닫으므로 충분히 둘러보려면 중앙시장보다도 더 서둘러야 한다는 단점이 있다. 이밖에 24시간 개장하여 다큐멘터리 등 야간 촬영을 종종 하는 야채 · 과일 전문 도매시장 '돔 커 시장(phsar Deom kor)'과 올림픽 스타디움 옆에 위치한 의류 · 전자제품 · 의료품 전문 시장 '올림픽 시장(phsar Olypic)'도 사람들이 많이 찾는다.

오르세이 시장에 도착한 필자와 필자의 큰 아들은 딱히 아는 가게가 없어 오래 전 다른 집 아이에게 선물하기 위해 찾았던 가게를 다시 찾아 갔다. 가게 주인은 연세 드신 할머니고, 손녀처럼 보이는 여자 아이들이 몇 명 있었다. 우선 큰 아들에게 마음에 드는 자전거를 골라보라고 하고, 나는 아들이 고른 자전거가 튼튼한지, 안전한지 이것저것 따져보았다. 그 중 가장 마음에 드는 것을 고른 후 가격을 물어보니 주인 할머니는 $68이라고 하였다. 나는 자전거의 도매 가격을 이미 알고 있던 터라 할머니에게 비싸다고 말하자 웃으며 $1 싸게 해준다고 하셨다. 겨우 $1 정도 깎을 생각이었다면 애초에 깎을 시도도 하지 않았을 것이다. 다시 한 번 비싸다고 말했더니 주인 할머니는 얼마면 되겠냐고 물어보았다. 필자의 머리에 스치는 적정 가격은 $55였다. 그래서 할머니에게 $55로 하자고 했더니 할머니의 표정이 굳어지며 아무 말씀도 하지 않았다.

① 트메이 시장
② 오르세이 시장
③ 뚤뚬붕 시장
④ 올림픽 시장

한국인들은 물건을 살 때 값을 깎는 재미로 물건을 구입하거나, 주인의 후한 인심에 안 살 것도 괜히 사게 되는 정(情)의 문화에 익숙해져 있다. 물건 파는 분이 어머니나 할머니뻘 되어도 친엄마나 이모에게 하듯 아양 떨며 깎아달라고 떼쓰거나, 허락도 없이 물건을 한 움큼 날름 더 집어넣어도 "아유~ 안돼~ 나도 남는 거 없어~!" 하고 무의미한 손사래 몇 번 치는 것으로 무마되곤 한다. 말은 그렇게 하면서도 마지막에 덤으로 한 두 개 더 넣어주는 센스를 잊지 않는다. 그러면 고맙고 미안한 손님은 굳이 사지 않아도 될 옆의 물건 가격을 물어보고 또 흥정에 들어가게 되는 것이다.

나는 그런 우리네 정의 문화를 믿고 한 번 더 요구해 보았다. 대신 조금(?) 타협하여 이번에는 $60에 하자고 했다. 그랬더니 할머니는 $65로 하자고 한다. 한 번 더 밀어붙여 $60에 하자고 했는데도 완강히 안 된다고 하였다. 어쩔 수 없이 내 지갑에 $1짜리가 하나밖에 없으니 $61에 하자고 했다. 믿지 않을까봐 지갑 속을 보여주었더니 그제서야 주인 할머니도 웃으면서 그러자고 하였다.

이렇게 얘기하면 '캄보디아인들은 매우 인색하고 인정이 없나 보구나.'라고 생각하겠지만, 결코 그렇지 않다. 캄보디아 사람들은 평소에 온순하고 순박하지만 상대방의 무례한 태도에 민감한 것뿐이다. 그러니 우리나라의 문화나 풍습에 젖어 이곳에서까지 우리에게만 통용되는 무리한 요구를 한다거나 무례한 태도를 보이지 않도록 조심해야 한다. ⓒ조성규

①	②
③	④

①~④ 오르세이 시장에 몰려 있는 상황가게들.
한국 관광객들이 많아서 한글 간판이 즐비하다.

캄보디아인들은 윤리 교육의 부재로 약속의 중요성이나 신의에 대한 인식이 우리와 사뭇 다르다. 약속을 잡을 때 기간을 너무 길게 잡으면 십중팔구 잊혀지게 마련이고, 약속을 지키지 못한다 하더라도 별로 죄책감을 느끼지 않는다. 그러니 캄보디아인들과 약속을 하게 될 경우엔 반쯤 마음을 비우고, 지켜지지 않더라도 슬퍼하거나 노여워하지 말지어다!

캄보디아에 살면서 달라진 것 중 하나가 건망증이 생겼다는 것이다. 나뿐만 아니라 많은 교민 분들도 "한국에서 살 때는 안 그랬는데 여기 와서 자꾸 깜박깜박 하네."라고 말하곤 한다.

나는 약속을 하면 잊지 않기 위해 다이어리에 메모하곤 한다. 그러나 정작 그 다이어리를 어디에 두었는지 생각이 나지 않아 서로 다른 두 개의 약속을 같은 날, 같은 시각으로 정하는 실수를 하기도 한다. 한국에서는 안 그랬는데 왜 그럴까? 굳이 변명을 하자면 이곳 기후(?) 때문이 아닐까 싶다. 워낙 더운 지역이다 보니 속된 말로 '정신 줄 놓는' 경우가 생기는 것 같다. 이번에도 아무 생각 없이 넋 놓고 있다가 일주일에 한 번 쓰는 칼럼을 잊어버리는 일이 생겼다. 마감 하루 전에야 비로소 정신이 번쩍 들어 '옛날엔 안 그랬는데….' 하며 자책하고 있다. 그런데 이 '더위 먹은 기억력'은 비단 필자만의 문제는 아닌 것 같다. 캄보디아 사람들은 한 술 더 뜬다.

얼마 전에 이곳에서 알게 된 현지 군인 S대령과 식사 약속을 했다. 약속을 하면서 한편으로는 불안했다. 앞서 이야기 했듯이, 캄보디아 사람들은 약속에 대한 개념이 희박하여 약속 기간을 너무 길게 잡으면 지켜지지 않는 경우가 허다하기 때문이다.

한 주가 지난 뒤, 약속 당일이 되어 약속 장소인 국수집에 갔다. 그리고 그를 기다렸다. 그러나 30분이 지나도록 그는 나타나지 않았다. 전화를 걸어 왜 안 오는지, 지금 어디에 있는지 물어보았다. 그의 대답은 간결했다.

"약속을 잊어 버렸다."

결국 다시 약속을 잡기로 하고, 혼자서 국수 한 그릇을 비웠다.

살아가면서 캄보디아 사람들의 사고 방식을 이해하기 어려울 때가 종종 있다. 그런 이유로 잔소리를 늘어놓거나 심지어 그들을 무시하기도 한다. 그러나 가만히 생각해보면 이는 누가 잘하고 잘못하고의 문제가 아니다. 그것은 우리와 다른 사고 방식을 가진 이들과 함께 살면서 필연적으로 겪을 수 밖에 없는 문화적 충돌에 불과하다.

캄보디아 사람들은 아직 신의나 약속의 중요성을 잘 인식하지 못하고 있다. 그러기에 약속을 지키지 못해도 우리처럼 미안해하지 않는다. 그들은 약속을 잊어버리면 끝이지만, 신의나 약속의 중요성을 가슴 속에 새기며 자라온 우리는 그들의 행동에 적잖이 상처를 받는다. 그러나 이러한 차이를 이해하지 못한다면 현지인들과의 관계는 힘들어질 것이다.

방법은 있다. 약속 당일 오전이나 약속 시간 전, 또는 약속 장소로 이동하기 전에 상대방에게 전화를 걸어 체크하는 것이다. 그런 의미에서 S대령에게 지금 다시 전화를 걸어본다. 지난번 못 먹은 국수 먹어보자고 말이다. ©조성규

훈련을 마치고 막사로 돌아가는 캄보디아 군인들

캄보디아의 의료 환경이 어떤지 알기에 병원은 쉽게 가지지 않았다. 고민 끝에 그래도 집에서 가까운 '모니봉'에 있는 병원에 가서 진료를 받고 돌아왔다. 진료라고 해봐야 초음파로 임신 여부를 확인하는 정도로, 우리나라처럼 임신초기검사나 태아기형검사 등은 기대할 수 없었다.

처음 이 곳에 도착했을 때 우리 가족은 4명이었다. 여기 온 지는 벌써 2년 가까이 되고 있다. 몇 달 전 아내가 임신한 것 같다고 말했다. 그 말을 듣는 순간 "오~! 여보 수고했어. 정말 너무나 기뻐~!" 하며 얼싸안아 빙글빙글 돌며 행복의 눈물을 흘리는…. 그런 로맨틱한 장면을 연출할 수 없었다. 솔직히 기쁘다기보다 걱정이 앞섰다. 이유는 캄보디아의 의료시설이 열악한데다, 갓난 아이를 키우기에는 너무 많은 제약이 따르고 있기 때문이었다.

임신을 했다는 이야기를 듣고 우선 정확히 임신이 맞는지 여부를 알기 위해 시장 등에서 비교적 쉽게 구할 수 있고, 정확도가 높은 리트머스 종이로 확인해보았다. 캄보디아에도 우리나라의 약국에서 판매하는 '자가임신진단시약(임신진단키트)'을 판매하지만 가격이 매우 비싸 대부분이 리트머스 종이를 이용한다. 아내는 선명하게 임신이었다.

몇 달을 지내면서 어떻게 해야 할 지 고민했다. 캄보디아의 의료 환경이 어떤지 알기에 병원은 쉽게 가지지 않았다. 주위 지인들에게 조언을 구해보니 어떤 이는 '캄푸치아끄롬'에 있는 병원이 좋다고 하시고, 어떤 이는 대충 큰 병원이면 다 괜찮다고 한다. 한인들이나 선교사들 중 이곳에서 출산한 경험이 있는 분들을 찾아 조언을 구해보기도 했는데, 대부분 추천하는 병원이 다 비슷하였고, 그나마 몇 개 되지 않았다.

그러던 중 이곳에 오랫동안 산 S선교사를 통해 좋은 정보를 얻었다. 우선 강변 근처의 일본과 친선으로 설립된 병원 의사가 신뢰할만하니 필요하다면 소개해 주겠노라고 하였고, 아니면 '모니봉'에 있는 산부인과에 근무중인 의사 A씨라면 안심해도 될 것이라고 하였다.

고민 끝에 집에서 가까운 '모니봉'에 있는 병원에 가서 진료를 받고 돌아왔다. 진료라고 해봐야 초음파로 임신 여부를 확인하는 정도로, 우리나라처럼 임신초기검사나 태아기형검사 등은 기대할 수 없었다.

병원을 정하기까지 정말 오랜 시간이 걸렸다. 프놈펜에서는 비교적 안심할 수 있는 병원이라고 했지만, 이후 아이들이 '댕기열'에 걸렸을 때 이 병원에서 몸살감기로 오진한 적이 있다. 댕기열의 증상은 몸살감기 증상과 거의 비슷하여 초기에는 대부분 '몸살감기 인가보다.'라고 생각해 대충 약만 먹고 버티는 경우가 허다하다. 우리 아이들도 그랬다. 하지만 시간이 흐른 후에 결국 견디지 못하고 병원으로 갔는데, 검사 결과 '댕기열'이라는 판정을 받았다. 그러나 병원에서는 이미 회복 단계이니 별도의 약이 필요 없다며 치료를 하지 않는 것이었다. 다행이 그 아이들이 잘 크고 있어 지금은 웃으면서 이야기 하지만 당시에는 정말이지 등골이 오싹했다.

이제 20여일 후면 세 아이의 아버지가 된다. 이것저것 준비하느라 아내가 많이 분주해 보인다. 병원을 고르고, 찾아가 눈으로 확인하고, 비용 계산도하고, 위생 상태도 점검하고…. 이렇게 나름 꼼꼼하게 준비한다고 해도 시간이 지난 후에 되돌아보면 뭔가 미진했던 부분들이 발견될 것이고, 후회하는 일도 있을 것이다. 그럼에도 불구하고 향후 이 곳에서 임신과 출산을 겪게 될 후배 교민들에게 필자 부부의 경험을 토대로 한 정보 몇 가지를 알려주고자 한다.

첫 번째, 캄보디아에서 출산을 할 예정이라면 어느 병원을 이용하는 것이 좋을지에 대해 가장 많이 궁금할 것이다. 필자도 그러했으니까…. 필자의 경우는 모니봉에 있는 병원을 이용했으나, 프놈펜 남동부의 깜푸치아끄롬에 있는 '시드니 병원'의 평도 괜찮다. 또 일본이 세운 모자(母子) 병원 정도도 괜찮다고 한다.

두 번째, 캄보디아에서도 신생아 예방접종이 가능한지, 어느 병원에서 가능한지, 가격은 얼마나 하는지도 중요하다. 프놈펜이나 시엠립과 같은 큰 도시에서는 신생아에게 필수적인 여러 예방접종이 가능하다. 예방접종을 비롯하여 아기가 아플 경우, 프놈펜 포첸통 공항 앞에 위치한 '헤브론 병원'을 추천하고 싶다. 헤브론 병원은 서울 충무교회에서 운영하고, 한국 의료 선교사 5명이 의기투합하여 세운 선교 병원으로, 평일 오전에는 이곳 캄보디아 현지인들을 무료로 진료해주고 있다. 한인들의 경우는 평일 오후에 진료 및 예방접종이 가능하다. 현재 치과, 내과, 소아과, 가정의학과가 개설되어 있는데 하루 방문 환자수가 300명이 넘으므로 진료를 받으러 가야 할 경우 일찍부터 서둘러야 한다. 단, 신생아 예방접종 비용은 한국에서보다 좀 더 비싸다. 헤브론 병원뿐만 아니라 한국인 의사가 있는 개인병원을 이용하는 것도 한 방법이다.

세 번째, 캄보디아에서 태어난 아기의 출생신고 방법도 막막할 것이다. 그러나 생각보다 출생신고는 어렵지 않다. 우리나라에서는 동사무소에서 출생신고서를 작성한다면, 캄보디아에서는 한국대사관에서 출생신고서를 작성하는 정도의 차이가 있을 뿐이다. 대사관에서 출생신고서를 작성하고 병원에서 발급한 출생확인서 영문 및 한글번역본과 부모의 여권 사본을 함께 접수하면 2~3주 후 주민등록에 등재된다.

마지막으로 신생아의 여권과 비자 발급에 대한 부분이다. 우선 여권이든 비자든 둘 다 출생신고 이후 주민번호가 생성된 후에 발급이 가능하다. 주민번호가 생성되었으면 한국대사관에서 여권발급신청서를 작성하여 여권용 사진과 함께 제출하면 2주~4주 사이에 대사관을 통해 발급받을 수 있다. 문제는 비자발급이다. 비자 발급은 이민국에서 하는데, 이때 캄보디아를 제외한 다른 나라에 나갔다가 다시 들어와야 하는 번거로움이 있다. 우리 교민들은 대부분 한국이나 인근 국가인 베트남 등을 다녀온다. ©조성규

캄보디아내의 여러 곳에서 각자 활동하던 한국 의사들이 모여 종합병원을 세웠다. 이제 시작하는 단계이지만, 한국 교민들 입장에서는 한국말로 아픔을 호소할 수 있어 너무 다행스럽고 기쁜 일이다.

새로 생긴 이 종합병원에서는 오전에 캄보디아인들을 대상으로 저렴한 가격에 의료봉사를 하고, 오후에는 우리나라 사람들을 대상으로 진료를 한다고 한다. 여기에 학교까지 지어지면, 교육 방면에도 기여하는 바가 크리라 기대된다. 좋은 의사들이 모여 만든 병원이고, 학교와 병원이 함께 있는 곳인 만큼, 많은 사람들이 배우고, 많은 환자들이 치료받는 병원으로 성장하리라 믿는다.

소의치병(小醫治病), 중의치인(中醫治人), 대의치국(大醫治國)이라는 말이 있다. 작은 의사는 병을 고치고, 보통 의사는 사람을 고치고, 큰 의사는 나라를 고친다는 뜻으로, 많은 의사들이 가슴에 새기고 있는 좌우명이기도 하다. 병을 치료하기 위한 방법으로는 약을 먹거나, 침을 맞거나 수술을 하는 것이 보통일 것이다. 사람을 치료한다는 것은 아마도 병의 근원이 되는 생활습관을 바로잡고, 마음의 상처 등을 다스리는 근본적인 치료를 말하는 것이리라. 이는 단지 병을 고치는 차원에 머무는 것이 아니라 바람직한 인격체를 완성, 유지토록 도와주는 역할까지 포함한다고 할 수 있을 것이다.

의학적 치료에 수술이나 약물치료가 있다면, 정신적 치료법에는 내적 치유가 있고, 영적인 치료에는 신앙을 갖게 하는 방법이 있다. 그런 의미에서, 영적 · 정신적 치료는 치인(治人)과 같은 맥락일 것이다. 치국(治國)은 나라를 다스린다는 의미인데, 문맥상 나라를 치료한다는 의미도 내포하고 있는 듯하다. 모든 불합리를 고칠 수는 없을 것이다. 그러나 보다 나은 국가를 만들기 위해 작은 것 하나부터 바로잡아 나가면서 기틀을 세워 간다면, 치국에 이바지 하는 게 될 것이다.

의사는 사람을 치료하지만 경찰은 사람을 잡는다. 경찰이 범죄자를 체포하여 격리함으로써 사람에 대한 간접적 치료를 할 수 있는지 모르겠지만, 그것만으로 사람을 치료한다고 하기에는 뭔가 부족하다. 의사는 어느 곳이든 필요한 곳에서 의술을 행사할 수 있지만, 경찰은 국가가 부여한 권한 내에서, 법의 테두리 안에서만 경찰력을 행사할 수 있다. 그러므로 의사는 사실상 국적과 상관없이 어디서나 의술을 베풀 수 있지만, 국가 없는 경찰은 존재할 수 없다. 또한 의사는 어떤 사람이든 가리지 않고 치료할 수 있고, 그렇게 한다고 해서 규제를 받거나 원망을 살 일이 없으나, 경찰은 피해자와 가해자를 가려야 하고, 유죄와 무죄를 구분해야 하며, 결과에 따라 유 · 불리가 항상 있게 마련이다. 그래서 불리한 결과를 얻은 쪽으로부터는 곧잘 원망을 듣곤 한다.

여기 캄보디아에도 훌륭한 우리나라 의사들이 있다. 종합병원을 짓겠다며 다른 의사들로부터 돈을 챙겨 손해만 입히고 도망해버린 의사도 있었지만, 대부분의 의사들이 소신껏 일하고 있다. 그 중에는 어디든 가난한 사람들이 있는 곳이면 친히 찾아 가서 무료로 치료해 주거나, 무슨 사고라도 생기면 자신의 일처럼 누구보다도 먼저 도움을 주러 달려가는 의사도 있다.

캄보디아내의 여러 곳에서 각자 의료선교 활동하던 한국 의사들이 모여 종합병원을 세웠다. 이제 시작하는 단계이지만, 한국 교민들 입장에서는 한국말로 아픔을 호소할 수 있어 너무 다행스럽고 기쁜 일이다. 캄보디아 현지 병원의 경우에는 의사소통이야 바디 랭귀지를 이용해서라도 어떻게든 하겠지만, 전반적인 의료 수준이 매우 낙후하고 시설도 열악하여 간단한 치료 이상이 요구될 경우 태국, 싱가포르 등 인근 나라에서 치료를 받아야만 했다.

새로 생긴 이 병원에서는 오전에 캄보디아인들을 대상으로 저렴한 가격에 의료봉사를 하고, 오후에는 우리나라 사람들을 대상으로 진료를 한다고 한다. 여기에 학교까지 지어지면, 교육 방면에도 기여하는 바가 크리라 기대된다. 좋은 의사들이 모여 만든 병원이고, 학교와 병원이 함께 있는 곳인 만큼, 많은 사람들이 배우고, 많은 환자들이 치료받는 병원으로 성장하리라 믿는다.

또한 캄보디아 사람, 우리나라 사람의 몸의 '병'뿐만 아니라, 모두의 다친 마음을 치료하고, 나아가 캄보디아를 올바로 세우는 치인(治人), 치국(治國)의 큰 역할을 담당하는 병원이 되기를 기대해본다. ©박형아

①	②
③	④

① 모니봉도로에 위치한 제일 병원의 모습
② 헤브론병원 개원예배 기념사진
③ 헤브론병원 조감도
④ 헤브론병원의 공사 현장으로 기초공사가 끝나고 기둥이 세워지고 있다.

많은 이들이 물건을 사지 않고도, 음식을 먹지 않고도 그저 보는 즐거움을 누리고 있음을 느낄 수 있었다. 쉬는 날이라고 해도 갈 곳이 마땅치 않은 이들에게 '소반냐'는 좋은 볼거리, 먹거리, 놀 거리를 제공하는 장소가 된 것 같았다. 정문에서 야경을 즐기는 사람들, 삼삼오오 모여 음식을 사먹는 가족들, 데이트를 즐기는 신세대들 모두가 만족스러워 보였다.

프놈펜의 '골든 시티'라고 불리는 대규모 플랫하우스 단지 안에 한 쇼핑몰이 개점을 했다. 처음에는 한 쪽에서 내부 공사를 진행하고 있고, 다른 쪽에서는 일부 상점들이 입주하여 장사를 시작하고 있었다. 사람들은 그곳을 '소반냐'라고 불렀다.

그런데 지난 주에 우연히 아이스크림을 먹으러 갔을 때 많이 놀랐다. 이젠 제법 상점들이 다 채워지고 많은 사람들로 북적이고 있었다. 남녀노소 할 것 없이 정말 많은 사람들이 쇼핑몰 안에서 나름의 시간을 즐기는 것을 볼 수 있었다.

기존에도 '소리아'라는 쇼핑몰이 있긴 했다. 쇼핑몰이라고 해서 우리나라의 백화점을 연상한다면 실망이 클 것이다. 그런데 '소반냐'는 '소리아'

보다 한층 업그레이드된 고급 쇼핑몰이었다. 먹고 사는데 급급하던 캄보디아인들도 이제 여유와 안목이 생겨 점점 더 좋은 것을, 더 편한 것을, 다양하게 즐길 거리를 찾고 있다는 것을 느낄 수 있었다.

아이스크림을 좋아하는 아이들 덕분에 '소반냐'에 가서 아이스크림을 맛있게 먹으며 여러 가지를 느끼게 되었다. 오락실에서 아이들이 재미있게 노는 모습을 보면서 어느 나라나 아이들이 좋아하는 것은 비슷하구나 싶었다. 비단 아이들뿐이랴.

심지어 쇼핑몰의 각 층별로 입점한 상점들만 봐도 '세계 어느 곳이나 마케팅은 비슷한가 보구나' 하는 생각이 들었다. 1층에는 화장품과 명품 브랜드 매장이 입점해 있는 것을 보자 슬며시 웃음이 났다. 뿐만 아니라 여성복, 남성복, 가전제품 매장의 위치한 층도 한국의 백화점과 별 반 다르지 않았다.

많은 이들이 물건을 사지 않고도, 음식을 먹지 않고도 그저 보는 즐거움을 누리고 있음을 느낄 수 있었다. 쉬는 날이라고 해도 갈 곳이 마땅치 않은 이들에게 '소반냐'는 좋은 볼거리, 먹거리, 놀 거리를 제공하는 장소가 된 것 같았다. 정문에서 야경을 즐기는 사람들, 삼삼오오 모여 음식을 사먹는 가족들, 데이트를 즐기는 신세대들 모두가 만족스러워 보였다.

이들은 지금 이 곳에서 새로운 세상을 보며 놀라워하고 있지만, 소반냐는 시작에 불과할 것이다. 우리나라가 그러했듯이 조만간 이 곳에도 전시, 공연, 쇼핑, 놀이 등을 원 스톱으로 즐길 수 있는 복합문화공간이나 초대형 멀티플렉스 같은 장소가 우후죽순 생겨날 것이다. 자연 환경과 민족성 등의 차이점으로 인해 형태는 다를지언정, 이곳에도 문화의 혁신이 일어날 것이다. 좁게는 나와 이곳 우리 교민들을 위해서라도 하루 빨리 그런 날이 오게 되길 바래본다. 더운 날씨에 지치거나, 입맛에 맞지 않는 음식들로 싫증이 나거나, 일이 잘 안 풀려 머릿속이 복잡 할 때 잠시 커피 한 잔, 아이스크림 한 입 먹을 수 있는 공간이 있다는 것이 생활에 얼마나 큰 활력이 되는지 이곳에 와서야 절실히 느꼈다. ©조성규

①	②
③	④

① 소반냐 쇼핑센터 전경
② 소반냐 쇼핑센터 내부 매장
③ 소반냐 쇼핑센터 입구
④ 쏘리아 쇼핑센터 입구

RANDONAL
មីនីម៉ាត
MINIMART
U Shop
24 Hour
24 h
621, Street 70, Sangkat Toul Sangke, Khan Russey Keo, Phnom Penh
ATM
មីនីម៉ាត
MINIMART
U Shop
មានលក់ 24h

캄보디아에도 24시 편의점과 대형 마트가 있다. 24시 편의점의 특이사항이 있다면 실제 영업은 24시간 하지 않는다. 즉 심야에는 영업을 하지 않는다. 또한 대형마트보다 가격이 저렴한 특징이 있다.

오고 가는 내내 불편하기도 하고 긴장되기도 했지만 그 모든 시간들이 이 풍경을 바라보는 짧은 순간으로 보상되는 것 같았다. 힘든 여정이라도 잠시나마 이처럼 아름다운 풍경과 순수한 사람들을 통해 행복과 충만함을 느낄 수 있다면 그야말로 최상의 여행을 만끽하고 있는 것은 아닐까 생각해보았다.

몇 주 전 캄보디아의 '깜뽕사옴'이라는 곳에서 모임이 있어 다녀왔다. 캄보디아에 살면서 지방에 다녀온 경험은 그리 많지 않았다. 바빠서 그렇기도 했지만, 지방에 혼자 가는 것은 왠지 부담스럽고, 누군가와 함께 가려고 해도 시간 맞추기가 쉽지 않았다.

그러다 이번에 기회가 생겼다. 꼭 참석해야 하는 중요한 모임이기도 했지만, 내심 바다를 볼 수 있다는 기대감과, 매일 살던 곳에서 벗어나 교외로 나갈 수 있다는 설렘으로 욕심이 났다.

차로 이동하는 중, 창 밖 풍경을 바라보면서 이 나라에 대한 많은 생각들이 교차했다. 우선 너무나 많아진 자동차들과 세련되고 여유로워진 사람들의 모습에 새삼 놀랐다. 예전에 보았던, 내가 생각했던 그런 시골이 아

캄보디아의 지방 도시를 가다보면 자유롭게 이동하고 있는 소들을 만나게 된다. 이 소들은 캄보디아 사람들 만큼이나 조용하고 느긋하다. 그렇기 때문에 항상 주의하고 서행해야만 한다.

니었다. 시골도 이제는 변화하고 있었다.

반면에 우리가 달리고 있던 어설픈 도로가 캄보디아에서는 제일 잘 닦인 도로라는 말에 헛웃음이 나왔다. 프놈펜뿐만 아니라 이 나라 전반적으로 사람들 생활 양식의 변화는 확연한데, 정작 꼭 필요한 산업 기반 시설의 발전은 더디다는 생각이다. 갈 길은 멀고 할 일은 많은, 그래서 모든 것을 충족시키기에는 아직 많은 시간이 필요한 것이리라.

비단 우리나라뿐만 아니라 일반적으로 국가 발전의 뼈대는 산업 기반시설의 확충이라고 해도 과언이 아니다. 기반시설의 충족이 국가의 운명도 좌우할 수 있기 때문이다. 실제 우리 나라도 서울과 지방을 잇는 대동맥 역할을 하고, 전국을 1일 생활권으로 묶어준 경부고속도로를 통해 급속한 경제 성장을 이룰 수 있지 않았던가. 개개인의 라이프스타일의 변화와 향상만큼, 국가적 차원의 발전을 위한 노력도 보이지 않는 곳에서 함께 이루어지고 있으리라고 믿고 싶다.

그러나 안타까움도 잠시, '깜뽕사옴'까지 자동차로 달리는 동안 아름다운 들판과 산과 야자나무의 풍경을 만끽하였다. 목적지에 도착하자 엄청난 피곤함이 몰려왔다. 우리나라처럼 잘 닦인 고속도로가 아니어서 그런 듯 했다. 사실 거리로 치자면 프놈펜에서 '깜뽕사옴'까지는 230km, 우리나라로 치면 서울에서 강릉까지 거리로, 2시간 30분~3시간이면 충분히 이동할 수 있는 거리이다. 하지만 앞서 얘기했듯이 캄보디아의 도로 사정은 열악한데다가 차도와 인도의 구분이 없어서 직접 운전을 하지 않더라도 여간 신경 쓰이는 것이 아니기 때문이다.

① 깜뽕톰 가는 길에 나오는 휴게소의 표지판
② 꼬꽁 가는 길 중에 외딴섬에서 배를 타고 나오는 캄보디아의 이슬람 교도들
③ 꼬꽁 시내 주변에 있는 섬의 울창한 숲으로 가는 다리

프놈펜으로 돌아오던 날엔 동행한 선교사의 차가 사고를 당했다. 차에 아이들이 많이 타고 있었지만 아무도 다치지 않았고, 운행에 지장을 줄 정도로 훼손되지는 않아 천만 다행이었다. 사고 원인은 바로 '소'때문이었다. 앞에 달리던 차가 길 중앙으로 들어오는 소를 보지 못한 채 급정거를 하자 선교사의 차를 포함한 뒤따라오던 차들이 연속으로 추돌하게 된 것이었다.

이렇게 곳곳에 여러 위험이 도사리고 있다 보니, 그저 기분 전환을 위해 드라이브를 한다는 건 매우 힘든 일이다. 기분 전환은 커녕 정신을 집중하고 바짝 긴장하느라 운전 후엔 매우 피로함을 느끼게 된다. 도로를 달리다 보니 동네 가게 수준의 휴게소와, 꽤 큰 규모의 그럴듯한 휴게소들이 보였다. 중간 중간에 휴게소에 들러 운전 중 받은 스트레스와 피로를 버리고 가면 좋을 듯 싶었다.

프놈펜으로 돌아오는 길에 우리가 잠시 멈추었던 곳은 논이었다. 한국에서 보던 논과 크게 다르지 않았다. 그 익숙하고 정겨운 풍경을 바라보고 있노라니 마음이 따뜻해지고 편안해지는 것을 느낄 수 있었다. 그곳에서 잠시 한가로움과 여유를 만끽해 보았다.

오고 가는 내내 불편하기도 하고 긴장되기도 했지만 그 모든 시간들이 이 풍경을 바라보는 짧은 순간으로 보상되는 것 같았다. 힘든 여정이라도 잠시나마 이처럼 아름다운 풍경과 순수한 사람들을 통해 행복과 충만함을 느낄 수 있다면 그야말로 최상의 여행을 만끽하고 있는 것은 아닐까 생각해보았다. ©조성규

수상가옥에서 살면서 여행객을 상대로 과일을 팔고 있다.

SOVANNAR
Drink Shop
Abbott

①	②
③	④

① 모니봉 대로에 있는 상점가들로 보통 선물용 포장세트를 파는 가게들이다.
② 동네에서 닭을 모아서 오토바이로 시장에 내다 파는 행상의 모습
③ 프놈펜에 있는 재래시장 내부의 음식코너
④ 시엠립 가는 길에서 만날 수 있는 작은 가게의 모습

훈센 총리 운운하던 그도 우리나라 법망을 빠져 나갈 수는 없었다. 그는 시연회가 계획되어 있던 바로 그날 총리 관저에서 검거되어 한국으로 송환되었다. 아무리 캄보디아라 하더라도, 법의 범주를 벗어나는 행위는 반드시 처벌된다는 사실을 잊지 않기를 바란다. 그런 헛소문들을 옮기는 사람들에게 묻고 싶다.
"너무 더워서 어떻게 된 거 아닌가요?"

캄보디아에서는 한국과는 달리 좀 쉽게(?) 살 수 있을 것이라는 부정적인 생각을 갖고 있는 이들이 더러 있는 것 같다. 정당한 방법 보다는 반칙이 통하는 사회, 높은 사람 말 한마디나 돈이면 뭐든지 되는 나라라는 인식이 만연해있어서 그런 듯 하다.

우리 동포들 중에도 캄보디아 경찰관 또는 군인 한 두 명 모르고 사는 사람은 거의 없을 것이다. 한 두 번 식사라도 함께 했다 치면 총리, 부총리, 장관, 군 장성, 경찰청장, 경찰서장 할 것 없이 누구든 친구처럼 막역한 사이라고 여긴다.

최근에는 캄보디아 땅을 처음 밟는 사람까지도 ○○장관, ○○경호실장, ○○장군을 거명하는 것을 본다. 그러나 캄보디아를 조금 알게 되면, 이 모든 것이 자랑할 만한 것이 아니라는 사실을 깨닫게 된다. 돈 몇 푼에 친구가 되는 장 · 차관, 브로커처럼 고위층 주변을 맴도는 수십, 수백 명의 보좌관들을 흔히 볼 수 있기 때문이다.

어느 한인 투자자는 캄보디아 한인 사회에서 유명한 사기꾼 A를 만나게 되었다고 한다. A는 자신이 훈센 총리, 속안 부총리, 환경부장관 등을 잘 알고 있으니, ○○ 독점 개발 사업권을 따 주겠노라며 투자자에게 접근했다고 한다. 투자자로부터 연구 용역비로 수십 만 불을 받아 챙긴 A는 "이제 곧 훈센 총리의 결재가 날 터이니 조금만 기다려라. 훈센 총리 부인과 면담 일정이 준비되어 있다."는 등 온갖 감언이설을 늘어 놓는다.

또한 2006년 3월 훈센 총리의 한국 방문 때는 특사 자격으로 훈센 총리와 함께 한국을 방문했다면서 훈센 총리가 묵고 있는 호텔에 같이 묵고 있으니, 조금만 기다리면 시간을 내서 총리를 만나게 해 주겠다고 약속한다. 그러나 약속은 지켜지지 않고, 투자자는 점점 지치기 시작한다. 그러자 A는 "로비자금을 더 줘야 되는데, 돈이 없어서 더 진행이 안 된다.", "좀 더 자주 캄보디아에 와서 같이 움직여야 하는데, 그렇게 하지 않아서 일이 엉망이 되었다." 며 일이 잘 진척되지 않는 책임을 투자자에게 뒤집어 씌운다.

투자자는 차차 속았다는 사실을 깨닫게 되지만, 때는 이미 늦었다. 돈을 돌려 달라 해도, 다 써버리고 없단다. 그러고도 거짓말은 계속된다. "이번에는 틀림없다. ○○만 불만 더 투자하면, 확실하게 매듭짓겠다."고 한다. 게다 다른 사람들에게는 "얘기가 다 잘 되어 있었는데, 투자자가 미온적이라서 못하게 된 것이다." 라면서 투자자 핑계를 댄다. 이제 투자자는 돈 잃고 바보까지 되어 버리지만, A는 버젓이 고급승용차를 타고 고급주택에 살며 밤마다 유흥을 즐기면서 다른 투자자(희생자)를 찾는다.

A는 한때 기소중지자를 꾀어 주택건설사업에 투자케 한 후, 더 이상 이용가치가 없어지자, 돈 한 푼 돌려주지 않고 한국으로 송환토록 신고한 파렴치범이기도 하다. 이 희대의 사기꾼 A는 후에 피해자들로부터 고소를 당하자, 변호사를 대동하여 우리나라 경찰에 자진 출석했다 한다. 거기서까지 대담하게도 거짓말을 늘어놓았지만, 그의 죄는 서서히 드러나게 되었고, 곧 법의 심판을 기다리는 신세가 되었다고 한다.

작년 말경 훈센 총리 관저에서 '공기로 가는 자동차 시연회'를 개최하려했던 B는 더 가관이었다. 총리 보좌관이라는 자를 구워 삶아서 총리를 만나는 데까지 성공한 B는 총리 앞에서 핑크 빛 청사진을 펼쳐 보인다. 그 핑크 빛 청사진은 이미 한국에서 한 번 써먹은 낡은 수법이었다. 미리 스쿠버다이빙용 산소통에 공기를 주입시켜 놓고서는 '자동차가 주행할 때 저절로 공기가 주입되고, 그 압축공기의 힘으로 자동차가 달린다.'고 거짓말을 늘어 놓은 것이다. 그러나 훈센 총리 운운하던 그도 우리나라 법망을 빠져 나갈 수는 없었다. 그는 시연회가 계획되어 있던 바로 그날 총리 관저에서 검거되어 한국으로 송환되었다.

그 동안 동포들 사이에 어이없는 소문들이 회자되었었다. A와 B같은 사람들은 캄보디아 고위층과 너무나도 절친한 사이이기 때문에 대사관에서도 어찌하지 못한다는 것이었다. 아무리 캄보디아라 하더라도, 법의 범주를 벗어나는 행위는 반드시 처벌된다는 사실을 잊지 않기를 바란다. 그런 헛소문들을 옮기는 사람들에게 묻고 싶다. "너무 더워서 어떻게 된 거 아닌가요?" ⓒ박형아

Cambodia Arirang

캄보디아 아리랑

교통, 경제

프놈펜에 차가 너무 많아졌다. 언제부터인지 10분이면 갈 수 있는 거리가 15분이 걸리고, 20분이 걸리더니 이제 30분은 기본이 되어버렸다. 통계에 의하면 이곳에서 한 달에 정식 통관을 거쳐 번호판을 다는 차량이 약 2,000대 정도가 된다고 한다. 빠른 경제 성장이 피부로 느껴지는 듯 하다.

캄보디아에서 성룡의 '러시아워'가 아닌 진짜 '러시아워'를 볼 수 있다. 프놈펜 시내도 출 · 퇴근 시간이면 자동차에 의한 교통 체증이 일어난다. 현재 프놈펜의 상주인구는 200만 명, 일일 유동인구는 약 300만 명으로 인구밀도가 매우 높은 편이다. 캄보디아 전체 인구밀도는 1 ㎢당 75명으로 매우 낮은 편이지만, 수도인 프놈펜의 인구밀도는 1 ㎢당 5천 여명으로 전체 인구밀도의 70배가 넘는다. 그럼에도 불구하고 지하철은 고사하고 지상 교통수단도 열악한 상황이라 교통혼잡이 심각할 수 밖에 없다.

한 달 전쯤 이었다. 가깝게 지내는 K선교사가 필자의 가족을 저녁 식사에 초대하여 그의 집으로 간 적이 있다. 여유 있게 출발해야 한다고 생각해서 평상시보다 30분 일찍 출발했다. 참고로 필자의 집은 '똘뚬붕' 지역에 있고, K선교사의 집은 '뚤곡' 지역에 위치해 있다. 거리로는 10km미만으로 막히지 않을 경우 5~10분 정도면 갈 수 있다.

보통 뚤곡으로 이동할 때 271번 외곽도로를 많이 이용하는 편이다. 거리상으로는 시내를 통과하는 편이 더 가깝지만 신호등이 많아 귀찮기 때문이다. 그러나 그 날은 왠지 시내 중심을 통과해서 가고 싶어져 시내로 갔다. 결과부터 말하자면 무려 1시간이 넘게 걸렸다.

집에서 출발하여 '마오쩌둥' 도로로 나올 때까지는 괜찮았다. 그런데 인터콘티넨털호텔 사거리쯤 가자 밀리기 시작했다. 자동차들끼리 서로 한 치의 양보도 없었고, 사이사이로 밀고 들어오는 오토바이들로 인해 더욱 밀렸다. 그 길을 간신히 빠져 나왔지만 호텔 앞 사거리 역시 만만치 않았다. 우여곡절 끝에 '돔커' 시장을 지났지만 이번엔 '뚤곡' 사거리를 눈앞에 두고는 그야말로 갇힌 상태가 되었다. 고작 5m를 이동하는데도 십여 분이 걸려 그저 차 안에서 발을 동동 굴러야 했다.

필자가 캄보디아에 와서 처음 자동차를 운전할 때만 해도 이런 모습은 상상할 수 없었다. 그런데 언제부터인지 10분이면 갈 수 있는 거리가 15분이 걸리고, 20분이 걸리더니 이제 30분은 기본이 되어버렸다. 통계에 의하면 이곳에서 한 달에 정식 통관을 거쳐 번호판을 다는 차량이 약 2,000대 정도가 된다고 한다. 요즈음 같은 환율 폭등에도 별로 영향을 받지 않는 이 나라를 보면 참으로 대단하다는 생각이 든다.

오후 5시면 칼같이 퇴근하던 경찰들이 어느 날인가부터 저녁 7시가 되어야 퇴근하는 것을 보고 놀랐다. 아마도 늘어난 차량 대수만큼 업무가 많이 밀려 야근이 불가피 한 것이리라. ©조성규

프놈펜의 러시아워. 캄보디아는 20~30대의 인구비율이 50%가 넘는다. 때문에 활기차고 역동적인 모습이 이 러시아워를 통해서 느껴지는 듯하다. 이 장면은 왓프놈에서 일본다리쪽으로 가는 길에 정체된 모습이다. 주로 명절에 더욱 더 심하게 정체된다.

캄보디아에서 굳이 대중교통수단이라고 이름 붙일 수 있는 것이 있다면 '씨클로', '모토돕', '툭툭', '란끄롱'과 '란토리' 정도가 있다.

며칠 전 평소 잘 알고 지내던 분으로부터 전화를 받았다. 다름아닌 자동차를 알아봐 달라는 부탁이었다. 나는 흔쾌히 승낙하고 내 머릿속의 안테나를 높이 치켜세워 열심히 찾기 시작했다. 그렇게 이곳 저곳 연락하며 찾던 중 문득 이런 생각이 들었다.

'왜, 캄보디아에는 대중교통이 발달하지 않았을까?' 지방 도시는 그렇다 치고 수도인 프놈펜조차 제대로 된 대중교통수단이 없다. 굳이 대중교통수단이라고 이름 붙일 수 있는 것이 있다면 '씨클로', '모토돕', '툭툭', '란끄롱'과 '란토리' 정도가 있다.

먼저 '시클로'는 영화를 통해서도 많이 알려져 있어서 직접 타보지 않았어도 우리에게 친숙함을 주는데, 자전거 앞에 손님을 태울 의자를 만들어 붙인 것으로 주로 인력으로 움직인다. 그나마 이 '씨클로'도 돈벌이가 시원치 않은지 요즘은 점점 사라져가고 있어 아쉽다. 주로 관광지에서 관광객들이 애용하는데, 이국적인 느낌과 향수를 자극하기 때문인지 특히 연세 드신 아주머니 관광객들이 많이 좋아하는 것 같다.

①	②
③	④

① 툭툭은 가격이 모토돕에 비해 약 2배 이상이다.
② 모토돕은 목적지까지의 가격을 흥정하고 이용 하도록 한다.
③ 란토리는 정해진 장소까지 왕복 운행하는 봉고용 차량으로 금액은 정해져 있다.
④ 씨클로도 목적지까지의 가격을 흥정한다.

두 번째로 오토바이 택시인 '모토돕'이 있는데, 최근에 가장 많이 이용되는 교통수단일 것이다. 모토돕에 대한 수요만큼이나 직업으로서 '모토돕' 기사도 많이 늘어나고 있다. 모토돕 기사의 월 수입은 평균 $150~200 정도라고 한다. (이는 일반 서민들의 월 수입과 거의 비슷하다.) 그런데 이 모토돕을 타고 다니는 것은 정말 힘들고 어려운 일이다. 헬멧없이 일반 오토바이 뒷좌석에 타고 달린다고 생각하면 된다. 이는 아름다운 풍경들을 유리창을 통하지 않고 직접 볼 수 있고, 바람과 공기와 햇살을 그대로 느낄 수 있다는 장점도 있으나 그만큼 위험한 것도 사실이다. 특히 뒤에 타는 여자들은 옆으로 앉아 제대로 붙잡지도 않아 내 눈에는 매우 위태로워 보이는데 아무렇지 않은 듯 도로를 질주하는 모습을 보면 입이 다물어지지 않는다. 가끔 오토바이를 탄 사람이 한 손으로는 오토바이를 몰고, 다른 한 손으로는 친구나 지인이 탄 자전거를 끌고 가는 모습도 볼 수 있는데, 이 모습은 경이롭기까지 하다.

캄보디아에도 폭주족이 있다. 어느 나라나 그렇듯이 대체로 젊은이들이 그 젊음을 주체하지 못해 객기를 부리곤 하는데, 한때 그래 보고픈 심정이야 이해못하는 것은 아니지만 자신은 물론, 남의 목숨까지 담보로 하는 위험한 행동이다 보니, 보고 있노라면 아찔하고 안타깝다.

세 번째로는 모토돕의 진화(?)된 형태인 '툭툭'이 있다. 툭툭은 '연결하다' 라는 뜻인데, 오토바이 뒤에 지붕이 있는 마차와 같은 탈 것이 연결되어 있어서 붙여진 이름인 듯 하다. 모토돕에 비해 그나마 안전하기 때문에 필자는 가족들이랑 외출할 때 자주 이용하는 편이다. 어른들에겐 조금 불편한 감이 있지만 우리나라에서 볼 수 없는 신기한(?) 탈 것이라 그런지 아이들은 정말 좋아한다. 가격은 모토돕의 1.5배~ 2배 정도 더

란토리의 모습으로 아직 출발하지 못하고 기다리고 있는 모습. 차량 안의 좌석 요금이 더 비싸다. 이 장면은 시골을 향해 내려가는 젊은이들의 모습이다.

비싸지만 그래도 거리에 따라저렴한 편이라 할 수 있다.

택시도 있긴 하지만 이것은 주로 공항과 시내를 연결하는 목적으로 쓰여 평소에는 이용할 일이 거의 없다. 게다 가격도 비싸고 매번 전화로 예약해야 하는 불편함이 있다. 그래서 이 곳에 중 · 장기간 체류하는 경우는 대부분은 승용차를 렌트하여 사용하곤 한다. 며칠 단위로 혹은 한 달 단위로 렌트하는 것이 보통인데, 대체로 기사가 함께 온다. 비용은 자동차의 성능에 따라 다르다.

마지막으로 소개할 대중교통 수단은 시외버스 '란끄롱'과 승합 차량을 이용한 미니버스 '란토리'이다. '란끄롱'은 우리나라의 일반 버스와는 매우 다르다. 큰 도시를 제외하고는 보기도 어려울뿐더러 노선도 한정되어 있고 가격이 비싸 일반인들은 거의 이용하지 않는다.

우리가 흔히 '봉고차'라 부르는 미니버스 '란토리'는 일정 지역을 다니는 일종의 노선버스이다. 매우 필요한 교통수단이긴 하지만 여간 불편하고 위험한 것이 아니다. 최고 15인까지 승차 가능한 차량에 20명이 넘게 타는 것은 기본이고, 탑승자의 짐까지 함께 싣는다. 그 무더위에 에어콘도 없고 심지어 창문도 없는 차량들도 많아 잠시만 앉아 있어도 숨이 턱턱 막힌다.

캄보디아에도 편리하고 안전한 대중교통수단들이 생겨나리란 희망을 품고 상상의 나래를 펼쳐본다. 혹시 내가 여기 머무는 동안 현실화 되지 않는다 하더라도, 그런 상상만으로 지금의 불편함을 견디고 웃을 수 있을 것 같다. ⓒ조성규

란토리를 이용하고 있는 사람들의 모습. 캄보디아에서만 볼 수 있는 매우 이국적인 풍경이다.

Tel: 012 26 3000/011 61 61 54
동서울
의정부·송우리
포천·운천
철원
009

태
체대입시
극
628-4198-9

도로위의 한국자동차. 캄보디아 사람들이 정말 좋아하는 차와 오토바이다. 우리나라의 봉고차도 여기서는 란토리라는 교통수단으로 제일 많이 이용한다. 씨티100은 모토톱을 운행하는 사람들이 제일 많이 이용하는 오토바이다.

캄보디아 도로에 설치된 신호등이 차츰 바뀌고 있다. 캄보디아의 신호 체계는 정말 이해하기 어렵다. 어떻게 양방향에서 직진 신호와 좌회전 신호가 동시에 켜진단 말인가! 익숙하지 않은 내 입장에서는 사고를 방지하기 위한 신호가 아닌 '자, 지금부터 사고 나십시오.'라는 신호로 보인다.

캄보디아의 교통법규 자체는 우리와 별반 다르지 않다. 이웃나라인 태국 및 일부 동남아시아 국가에서 차량의 운전석이 오른쪽에 있는 것과 달리 캄보디아는 우리와 같이 왼쪽에 위치하는 것을 기본으로 하므로 적응에 어려움은 없다. 단, 오른쪽에 운전석이 있는 일본 중고 차량이 많아 이를 렌트를 하는 경우는 적응할 때까지 주의 할 필요가 있다.

문제는 이해하기 어려운 신호체계와 운전 문화 및 매너(?)이다. 여기에 유의하지 않으면 낭패를 보기 쉽다. 그래서 오늘은 캄보디아에서 도로 운전 시 몇 가지 주의사항을 알려드리고자 한다.

첫째, 캄보디아의 도로는 형식적으로는 차선 구분이 되어 있다. 통상 왕복 4차선이지만 실제로는 차선 구분이 없이 운전하는 사람들이 종종 있다. 게다가 횡단보도나 신호등이 없는 경우가 많으므로 과속은 금물이라

다행히 단방향에서만 좌회전 신호와 직진신호가 켜진 상태. 반대 차선에선 대기상태에 있다. 이러한 신호체계로 바뀌고 있으나 캄보디아는 아직 일관적이지 못한 신호 체계이므로 자가운전시 항상 안전운전을 해야한다.

는 것을 기본으로 한다.

둘째, 사거리의 경우 직진과 좌회전이 동시에 주어지는데, 특이한 점은 맞은편에서도 동시에 같은 신호가 주어지므로 신호등만 보고 진행했다간 곧바로 사고로 이어지기 십상이라는 것이다. 그러므로 캄보디아에서는 신호등은 참고만 할 뿐 절대 의지하지 말아야 한다. 다시 말해 '법대로 하면 법이 지켜주리라' 믿지 말고, 상황에 맞게 방어 운전을 해야 한다는 것이다. 희망적인 사실은 이렇게 무질서하던 신호등들이 최근 재정비되고 있다는 것이다. 신호등이 없던 도로에는 신호등이 설치되고, 일부 도로의 신호등은 좌회전 신호가 따로 켜지기도 한다. 아마 차량이 증가하면서 사고가 잦아지자 신호 체계를 바꾸는 것이 불가피 했을 것이다.

셋째, 우리나라의 경우는 대부분의 도로에서 직진 신호에 우회전을 하지만 캄보디아의 큰 도로에서는 우회전 신호가 따로 있다. 익숙하지 않은 한인들은 습관처럼 직진 신호에 우회전을 하다 본의 아니게 신호위반을 하게 되는데, 이때 얄밉게도 기다리기라도 했다는 듯이 어디선가 교통경찰이 나타나므로 주의해야 한다.

넷째, 캄보디아에서는 신호를 위반하거나 중앙선을 침범해도 사고로 이어지지 않는다면 처벌을 받는 일이 거의 없다. 한국에서처럼 '어쭈? 중앙선을 침범해? 내가 비켜주나 봐라. 법대로 하자 이거야. 경찰한테 걸리면 너만 된통 혼날걸?' 하는 마음으로 양보해주지 않고 버티다가는 오히려 교통이 마비되거나 사고로 이어질 수 있다. 사고가 나더라도 경찰은 내 편이리라 생각하겠지만 안타깝게도 외국인은 무조건 불리하다. 사고가 났을 경우 법규 위반과는 관계 없이 무조건 속도 빠른 차량의 운전자가 책임을 지게된다. 예를 들어 현지인끼리 오토바이와 자동차 간의 사고라면 자동차 운전자가, 같은 자동차 간의 사고라면 위반 차량의 운전자가 책임을 물게 되지만 전혀 다른 결과가 나올 수 있다.

현지인들은 교통법규나 교통질서에 대한 개념이 미약한 편이다. 신호등이 있어도 신호를 이해하지 못하거나 보지 않고 운전하는 것이 습관화 된 경우가 많기 때문이다. 상황이 이러하다 보니 2008년 캄보디아의 교통사고 사망률이 동남아시아 국가들 중 최고라는 기록(?)을 세우기도 했다.

이렇게 도로 교통 체계가 엉망인 나라에서 도대체 어떻게 운전을 할 수 있을까 싶겠지만 캄보디아인들은 운전할 때 교통 법규 위반도 잘 하는 대신 그 만큼 자신들 만의 운전 성향이 있다. 그러니 우리가 경험했던 신호체계나 운전 문화와는 다르더라도 캄보디아에서는 캄보디아인들의 운전 문화를 이해해야 한다. ©조성규

NEAK LOEUNG

'넥악룽'에서 배를 타고 건너가는 모습. 캄보디아 프놈펜에서 베트남 호치민으로 이동할 때 1시간 30분~2시간 정도 가면 '넥악룽'이라는 곳에 도착한다. 다시 그 곳에서 배를 타고 건너야만 베트남으로 갈 수 있다. 최근 다리를 건설한다는 이야기가 있지만 확실하지 않다.

금번 시행된 도로교통법에서 가장 반가운 소식은, 교통경찰이 사건과 관련하여 부정한 금품을 요구하는 경우, 처벌한다고 규정한 것이다. 법규정과 실제와는 차이가 있어서 얼마나 제대로 적용이 될지는 의문이나 상당히 고무적인 것만큼은 사실이다.

이곳 캄보디아에서 직접 운전을 해 본 사람들은 한번쯤 캄보디아 경찰에 잡혀 본 유쾌하지 않은 기억들을 갖고 있을 것이다. 일방통행 위반, 좌회전 금지 위반, 자동차 내 커튼 부착 등 적발 사유는 여러 가지이지만 결론은 비슷하다. 차 한 잔 마실 수 있게 5달러(뻐람 돌라)를 내란다. '뒷돈'을 요구당하는 것이다. 그 뻔뻔함에 적잖이 당황하게 된다. 억울하다고 따지려고 하면 잘 들으려고 하지도 않거니와 심지어 못 알아 듣는 척 한다.

지금까지는 이런 경우에 두 가지 방법 중 하나를 선택해야 했다. 그들이 원하는 대로 몇 달러를 주고 그 자리를 모면하든지, 아니면 고생할 각오를 하고 몇 시간이 걸리더라도 법대로 스티커를 발부 받겠다고 버티든지….

우리나라도 그런 시절이 있었다. 경찰 중에 교통부서에 근무하는 사람은 소위 '빽'이 좋거나, 상납을 잘 하는 사람인 경우가 허다했다. 그들

① 꼬꽁에서 태국 국경을 넘어가는 차량들
② 꼬꽁 외곽에서 시내로 들어가는 길
③ 멀리서 본 다리
④ 태국 국경 가는 길

은 박봉에도 불구하고 집도 사고, 자녀들에게 양질의(?) 사교육도 시켰다고 한다. 불과 십 수 년 전까지만 해도 그랬다. 교통사고로 병원에 실려온 교통경찰관의 긴 장화에서 돈이 쏟아져 나왔다는 웃지 못할 이야기가 꽤 오랫동안 사람들 입에 회자되기도 했었다. 경찰 비리를 희화한 1993년도 영화 투캅스는 대박을 터뜨렸고, 투캅스2에 이어 투캅스3까지 제작되어 상영될 만큼 흥행이 되었었다.

그러나 지금은 교통경찰이 기피부서가 되었다. 예전처럼 경찰이 시민에게 만 원짜리 한 장이라도 은밀하게 받았다가는 바로 처벌받는데다, 새벽부터 밤늦게까지 도로에서 자동차 매연 맡아가며 여름에는 뙤약볕 아래에서, 겨울에는 매서운 칼바람을 맞으며 일해야 하는 어려움 때문이다. 또한 항상 위험에 노출되어 있기 때문에 가족들의 걱정도 이만 저만이 아니다.

이곳 캄보디아에서는 교통경찰과의 마찰 문제로 한인 동포들로부터 심심치 않게 전화를 받는다. "경찰이 돈을 요구하는데 어떻게 해야 되나요?"라든가 "돈을 안 주고 버티면 어떻게 되나요?" 등의 문의이다. 내 대답은 한결같다. "돈을 주면 안 됩니다. 정식으로 조사를 받고, 법에 정한 범칙금을 내시면 됩니다."

이곳 캄보디아에서 2008년 9월부터 새로운 도로교통법이 시행되었다. 모두들 새로운 법에 적응하기까지 당분간은 과도기를 겪겠지만, 조만간 향상된 도로 질서와 교통 문화를 보게 될 것이라 기대한다. 범칙금은 법에 규정되어 있는데, 무면허 운전(운전면허 압수, 취소상태 포함)의 경우, 6일~1달간 징역 또는 25,000~200,000리엘($6.25~$50)의 벌금에 처한다고 규정되어 있다. 경찰의 운전면허 제시, 음주측정, 마약검사 등 명령을 따르지 않은 운전자도 마찬가지로 위의 처벌을 받는다. 교통사고의 경우, 경찰은 통상 조사를 이유로 차량 또는 오토바이를 압수한다. 이 경우 간접적인 합의 종용의 효과가 나타난다. 차량 주인은 웬만하면 피해자가 요구하는 금액을 줘버리고 차량을 돌려 받으려고 하기 때문이다. 그러나 보험을 들어 놓으면 보험회사에서 알아서 처리해 주므로 그런 불편을 감수하지 않아도 된다.

금번 시행되는 새로운 도로교통법에서 가장 반가운 소식은, 교통경찰이 사건과 관련하여 부정한 금품을 요구하는 경우, 처벌한다고 규정한 것이다. 법규정과 실제와는 차이가 있어서 얼마나 제대로 적용이 될지는 의문이나 상당히 고무적인 것만큼은 사실이다. 법규정을 살펴보면, "경찰 개인이 법에 의한 벌금이 아닌 돈을 요구한 경우, 벌금 영수증 없이 벌금을 징수하는 경우, 1~3년의 징역 또는 200만~600만 리엘($500~$1,500)의 벌금을 내야 한다."고 규정되어 있다. 그러므로 앞으로는 교통경찰로부터 부정한 돈을 요구 받을 경우에는 관등성명을 물어보고, 한국대사관에 알리겠다고 고지하길 바란다. 그러나 먼저 교통경찰의 비리만 밝혀내고 탓할게 아니라, 도로교통법을 위반한 운전자가 자신의 잘못을 깨끗이 인정하고 법에 규정한 대로 처벌을 받는 게 우선이 아닌가 한다. 아무리 도로교통법이 개선되어도 운전자가 경찰에게 또 '뒷돈'을 건넨다면 무슨 소용 있겠는가? 부패한 경찰은 부패한 시민이 만드는 것임을 잊지 말자. ©박형아

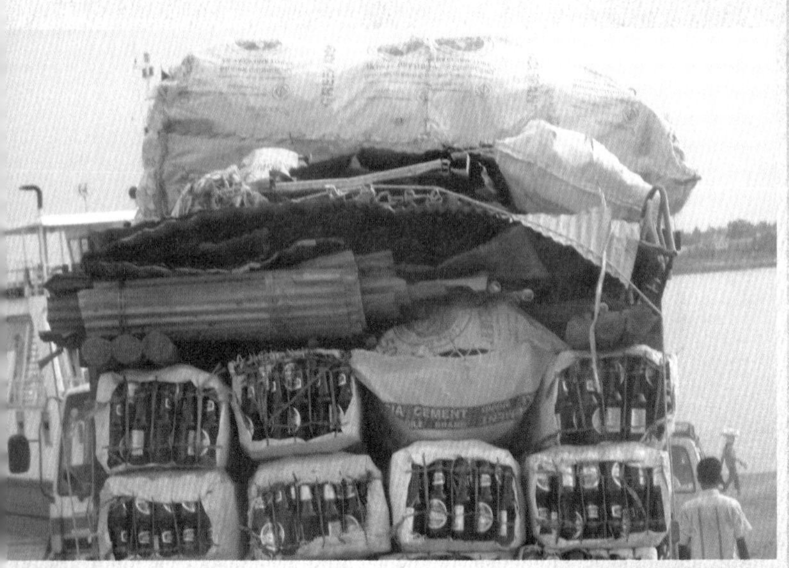
CEMENT

금방이라도 짐들이 와르르 무너질 것 같은 과적 차량들. 캄보디아 사람들의 삶의 고단함이 베어 있는 듯 하지만 그들은 항상 느긋함과 웃음을 잃지 않는다.

많은 한인 동포들이 이미 이곳 관료들과 경찰관들에게 블랙 머니(Black Money)를 주기 시작했다. 그 결과 그들은 특히 한국인에게 블랙 머니를 더 요구하게 되었다. 아이러니하게도 이렇게 블랙 머니를 이용하여 자신의 편리만을 추구하는 사람들일수록 "캄보디아는 부패의 천국이야."라고 말하기 좋아한다.

1991년 청운의 푸른 꿈을 안고, 초급간부로 경찰에 처음 입문했을 때 내 월급은 17만원 정도였다. 당시는 결혼 전이라 부양할 가족도 없었는데도 불구하고 17만원으로는 일주일을 넘기기가 쉽지 않았다.

1993년 ○○경찰서 형사계장을 하던 무렵, 명절이면 형사계 형사들은 어김 없이 관내에 돈 좀 있는 회사들로부터 돈을 거두어 와서 상납도 하고, 자신도 챙기는 것이 관례였다. 당시 사회경험이 없었던 나는 '모두 당연히 그렇게 하는 것이다. 괜찮다.'면서 부하직원이나 상사가 쥐어주는 돈봉투를 어찌해야 할 지 몰라 한참을 고민했던 기억이 있다. 지금은 단호히 거절할 수 있는 사회 분위기가 조성되어 있지만, 그 때만 해도 그렇지 않았다.

1994년 송파경찰서 조사계에서 조사간부 1기로 처음 조사를 시작하던 날, 신분증을 보여 달라는 나에게 신분증 밑에 꼬깃꼬깃 접은 만 원 짜리 한 장을 숨겨서 주려 했던 어떤 트럭 운전사를 아직도 기억한다. "이게 뭡니까?" 라며 엄하게 꾸짖을 기세인 내 얼굴을 보고도, 운전사는 천연덕스럽게 웃으면서 "아~ 왜 이러십니까? 다 그런 거 아니겠습니까 ~ 잘 좀 부탁드립니다." 라고 한다. 당시 조사계 직원들은 사건 당 적게는 만원, 많게는 수 백 만원씩 챙겨 이를 상납하여 보직을 유지하는 한편, 집도 샀다는 소문들이 파다했다. "경찰공무원 박봉인 거 다 압니다. 공무원이 월급만 가지고 어떻게 살아가나요? 괜찮습니다. 받으세요. 성의를 너무 무시하는 것도 예의가 아닙니다."

블랙 머니(Black Money)는 미국 속어로 검은 돈, 즉 부정한 돈을 의미한다. 이 '부정한 돈'을 건네주는 방법도 여러 가지다. 책상 위에 던져놓고 도망가는 나몰라형, 상사나 지인을 통해 전달하는 전달형, 주머니에 억지로 찔러 넣는 막무가내형, 책상 밑으로 쿡쿡 찌르는 찌르기형…. 이런 공세에 한 번 말려들게 되면, 그 이후로는 블랙 머니의 노예가 되어 버리고 만다. 처음에는 엄두가 나지 않지만, 한두 번 계속 되다 보면 자기도 모르게 담력이 생기고, 나중에는 돈을 요구하는 경지(?)에 이르기도 한다. 이곳 캄보디아 말단 공무원의 월급은 그야말로 박봉이다. 한 달 월급이 $30~50 수준이다. 이러한 박봉은 소위 블랙 머니를 합리화하는 아주 좋은 핑계거리가 된다. 때로는 아주 당당하게 기부금(Donation 또는 Contribution) 명목이라며 블랙 머니를 요구한다.

간혹 동포들로부터 "교통경찰에게 잡혔는데 어떻게 해야 하느냐?" 고 묻는 전화가 걸려온다. 어떤 동포는 대놓고 "얼마를 주는 것이 적정하냐?"고 묻는다. 당연히 대사관 직원이 얼마를 주라고 얘기해 줄 수 없다. 원칙대로 경찰서에 가서 조사받고, 정당하게 범칙금을 내라고 설명해 주지만, 이런 질문을 받는다는 것 자체가 매우 씁쓸하다.

원칙을 지킨다는 것, 그것은 희생 없이는 불가능한 것이다. '원칙은 무슨 원칙? 원칙이 밥 먹여주나? 그냥 몇 푼 주고 빨리 빠져 나오는 게 최선이야.' 라고 생각하는 사람도 있겠지만, 우리 스스로 캄보디아인보다 모든 면에서 우월하다고 생각하면서, 실제 내가 아쉬울 때는 이렇게 부정한 행위를 정당화시키고, 적당히 타협하면서 사는 것이 왠지 떳떳하지 못한 느낌이 든다.

많은 한인 동포들이 이미 이곳 관료들과 경찰관들에게 블랙 머니를 주기 시작했다. 그 결과 그들은 특히 한국인에게 블랙 머니를 더 요구하게 되었다. 아이러니하게도 이렇게 블랙 머니를 이용하여 자신의 편리만을 추구하는 사람들일수록 "캄보디아는 부패의 천국이야."라고 말하기 좋아한다. 누가 캄보디아를 부패의 천국으로 만들고 있는지... 블랙 머니를 이용하는 것은 매우 어리석고 이기적인 행동이다. 당장 눈 앞에 닥친 일을 쉽게 해결할 수 있을지는 몰라도, 시간이 흐를수록 그 자신도 블랙 머니의 덫에 걸려 많은 제약과 요구를 받게 될 뿐만 아니라, 다른 사람에게도 악영향이 미치게 된다. 이런 검은 악순환이 결국 캄보디아 사회를 더욱 어둡게 만드는 것이다.

2008년 기준 세계 11위 경제대국이자, UN 사무총장을 배출한 나라의 국민이, 세계 93위 나라 관료들에게 그저 쉽게 살겠다고, 조금 편하자고 뇌물을 주고 해결점을 찾으려는 것은 부끄럽지 않은가? ©박형아

잠시 일을 마치고 식사하러 가는 교통 경찰들

근래에는 오토바이 사고를 예방하기 위한 차원에서 단속을 한다. 우선 사이드 미러 미부착 오토바이를 단속하는 것이다. 또 다른 단속 대상으로는 번호판 미부착 오토바이와 신호위반을 하거나 세금 스티커가 없는 오토바이들을 단속한다.

요즈음 시내 한복판에서 많이 볼 수 있는 광경 중 하나가 오토바이와 씨름하는 경찰들의 모습이다. 혈안이 된 수많은 경찰들이 도로마다 배치되어 오토바이들을 사정없이 잡는다. 명분은 단속이다. 캄보디아 경찰의 공식적인 월급이 한 달에 $55 정도이니(하위직 공무원의 한달 평균이다.) 어쩔 수 없이 부족한 생활비를 충당해야(?)하는데 그 명목이 바로 교통단속이다.

이렇게 경찰이 길목마다 진을 치고 있는 도로는 진풍경이 연출된다. 오토바이를 잡으려고 도로 중앙까지 나와 길가에 세우라고 소리치는 경찰과 이를 뿌리치고 도망가는 젊은이들 사이에 벌어지는 실랑이는 가관이다. 혹은 멀리서 경찰이 보이기라도 하면 재빨리 좌회전이나 우회전을 해서 도망가는 오토바이들도 많다. 그뿐만이 아니다. 오던 길을 거꾸로 돌려

역주행으로 도망가는 이들도 있다. 우리나라에서는 상상하지 못할 일이다. 그만큼 경찰의 위력이 대단하게 보여지지만 실상은 그렇지 않은 것이다. 그저 안 잡히면 행운, 잡히면 돈 몇 푼 주고 말면 되는 대상인 것이다.

베트남에 계시는 어느 선교사에게 들었던 이야기가 생각이 난다. 그곳 경찰(보통 공안이라고 함)은 평소에 잘 보이지 않다가 도로가 정체된다 싶으면 어디선가 홀연히 나타나는데, 그가 호루라기 한 번만 불면 꽉 막혔던 도로가 '홍해'가 갈라지듯이 쫘~악 갈라지면서 교통 정리가 끝난다는 이야기였다. 그만큼 시민들 의식 속에 공안에 대한 무서움과 신뢰감이 있기 때문에 가능하다는 것이다. 그와는 반대로 캄보디아 경찰들은 시민들의 뇌리에 무섭다거나 신뢰할 수 있는 대상이 아닌 도둑 같은 나쁜 이미지가 심어져 있는 듯 하다.

하지만 쫓는 자의 이유도 나름 타당하다. 근래에는 오토바이 사고를 예방하기 위한 차원에서 단속을 한다. 예를 들면 사이드 미러 미부착 오토바이를 우선적으로 단속하는 것이다. 사이드 미러를 부착하지 않았을 경우 벌금이 일반적으로 R4,000이라고 한다. 그야말로 커피 한 잔 값 정도이다. 그러나 캄보디아 사람들은 워낙 어릴 때부터 사이드 미러 없이 타고 다니던 것이 습관이 되어 그 필요성을 느끼지 못한다. 사이드 미러를 달아도 그 사용 방법을 제대로 몰라 바깥으로 향하게 설치해야 하는데 자기 얼굴만 볼 수 있게 안쪽으로 설치 해놓고 거울로 활용하는 경우도 있다. 이렇게 차량 이용에 관한 무지함이나 안전 운전에 대한 인식 부족이 사고율과 사망률을 높이는 원인이 되기도 한다.

또 다른 단속대상은 번호판 미부착 오토바이다. 오토바이도 일반차량처럼 번호판이 있긴 하지만 발급 받는 데까지 소요되는 시간이 워낙 길다보니 번호판 없이 타고 다니는 경우가 허다하다. 그러다 보니 도난 당하는 오토바이가 늘어나고, 경찰들은 번호판 없는 오토바이들을 우선적으로 감시의 대상으로 삼는 것이다. 마지막 감시대상은 신호위반을 하거나 세금 스티커가 없는 오토바이들이다. 이 중 세금 스티커가 없는 오토바이의 벌금이 가장 낮은 편이다.

경찰들이 유일하게 너그러운 대상이 있는데 바로 '모토돕' 기사들이다. 영업용 교통수단의 경우 한 쪽 눈을 감아주는 것은 우리와 비슷한 것 같다. 아마도 먹고 살기 위해 노력하는 모습에서 동병상련을 느끼는 것이리라. ©조성규

단속중인 교통경찰과 황급히 달아나는 모토톱

Coca-Cola

개인 이동 수단. 아이스크림을 팔러 나가는 아저씨, 코끼리를 돌보는 시골의 농부, 살아있는 돼지를 수매하여 공판장으로 가는 상인, 과일을 팔러나가는 상인의 모습 등 캄보디아의 생활 모습이다.

시간은 자꾸 흐르고, 결론은 쉽게 나지 않았다. 새파랗게 질린 아이들 때문에라도 300불을 주고 그 자리를 모면하고 싶었지만, 그래서는 안 된다는 생각이 들었다. 할 수 없이 아는 고위직 경찰에게 도움을 청했다. 그러자 문제는 의외로 간단하게 해결되었다. 몇 분 전까지 피해자의 편을 들던 사건 담당한 경찰관이 나에게 아무 잘못이 없으니 그냥 가도 좋다고 했다. 다행이라는 생각과 함께 씁쓸한 기분이 들었다.

작년 초 한국에서 반입한 차량이 통관문제로 프놈펜 항에 묶여 있던 때였다. 누군가 700불을 주면 편법으로 1주일 만에 통관을 시켜주겠다고 했지만 거절하고 정식절차를 밟았더니 1달 반 만에 통관할 수 있었다. 그 한 달 동안은 도요타 캠리 95연식 승용차를 월 250불을 주고 임대해서 사용했다.

당시 새로운 외국생활에 적응하느라 가족들 모두 힘들 때였는데, 나는 이런저런 일들로 바빠서 가족들을 제대로 챙겨주지 못해 늘 미안한 마음뿐이었다. 그러던 중 시엠립으로 출장을 가게 되었다. 기회다 싶어 가족과 동반하여 나는 업무를 보고, 가족들은 앙코르 왓을 관광하게 하였다.

일정을 마치고 프놈펜으로 돌아오던 길이었다. 당시 우리 운전사는 젊고, 꽤 의욕이 넘치는 친구였다. 그는 때때로 속력을 내곤 했는데, 나와 내 아내는 오토바이와 가축들이 자유롭게 다니는 도로에서 속력을 내는 것이 못내 불안해서, 종종 "쁘로얏!(조심!)" 을 외치곤 했었다. 특히 아내는 시엠립을 출발하면서부터 연신 "쁘로얏!"을 외치고 있었는데, 시간이 지나면서 이상하게도 그 소리가 자장가처럼 익숙해져서 깜빡 졸게 되었다.

얼마나 시간이 흘렀을까? 갑작스런 아내의 외마디 비명에 정신이 번쩍 들었다. 앞을 보니, 오토바이 하나가 중앙선에서 길을 건널지 말지 망설이고 있는 것이 보였다. 우리 운전사는 그 오토바이를 보고 속도를 조금 줄였고, 오토바이도 잠시 멈추었다. 운전사는 오토바이가 기다려주는 줄 알고 브레이크 페달을 놓으며 다시 출발했는데, 동시에 오토바이도 같은 생각을 했던지 중앙선을 넘어 우리 쪽 차선으로 다가오기 시작했다. 불과 1~2초 사이에 벌어진 일이었다. '쿵!'하는 소리와 함께 우리 차는 간신히 오토바이와의 정면충돌을 피해 오른쪽 갓길 쪽으로 20여 미터 미끄러지며 멈췄고, 오토바이는 내 차 왼쪽 백미러를 치고 넘어졌다. 운전사는 뒤를 한 번 돌아보더니 그냥 가려고 했다. 나는 차를 세우라고 했다. 운전사는 자기의 잘못이 아니라고, 오토바이가 잘못한 것이라고 강변했다.

순간 우리 아이들 세 명의 눈은 동그래졌다. 생후 8개월짜리 막내 딸마저도 분위기가 심상치 않음을 알았는지, 울지도 않고 조용히 있었다. 나는 운전사에게 오토바이 운전자의 상태를 살펴보고 오라고 했다. 그는 자기의 잘못이 아니라고 계속 투덜거리며 마지못해 오토바이 운전자를 살펴보고 오더니 아무 문제 없다고, 오토바이도 크게 파손되지 않았으니 그냥 가면 된다고 했다. 돌아보니 오토바이 운전자는 멀쩡하게 일어서서 오토바이를 살피고 있었다.

잠시 그냥 갈 것인지 아니면 오토바이 운전자와 합의를 끝내고 갈 것인지를 두고 망설였다. 캄보디아에 부임한지 1달도 안 되는 때였지만, 이곳에 대해 들은 풍월(?)이 좀 있었던 터라 그냥 가도 괜찮을 거라는 생각도 잠시 했다. 그러나 단 얼마라도 치료비를 주고 가는 것이 바람직하겠다 싶어 결국 운전사한테 합의를 하고 오라고 했다. 운전사는 자기 잘못이 아니기 때문에 돈을 줄 필요가 없다고 내키지 않아 했다.

사람들이 몰려들기 시작했다. 아무도 살지 않는 황량한 들판에 도로 하나가 전부인 것 같았는데, 어디서 이 많은 사람들이 나왔는지 궁금할 정도였다. 50명은 족히 넘어 보였다. 어떤 사람은 자동차 앞을 가로막고 섰다. 자기네들끼리 뭐라 하는 데 무슨 말인지 알아들을 수가 없다. 아마도, 우리를 비난하는 것 같았다. 때때로 웃기도 한다. 오늘 누구는 운수대통한 날이라고 농담을 하는 듯 했다. 모여든 사람들이 우리 차를 빙 둘러싸고 차 안을 들여다 보기 시작했다. 나는 가족의 안전도 고려해야 했다. 안에서 문을 잠그고, 아이들을 보았다. 겁에 질린 아이들은 울음이 터져 나오기 직전의 그렁그렁한 눈망울로 아빠인 나만 쳐다 보고 있었다.

경찰관이 왔다. 군중 속에 꼼짝없이 갇혀 있는 상황에서 경찰관이 왔다는 사실 하나만으로도 큰 위안이 되었다. 그러나 경찰관이 낯선 외국 사람의 편을 들어줄 리가 만무했다. 피해자도 당연히 경찰관이 자신의 편을 들어주리라 기대하고 있는 듯했다. 피해자는 합의금으로 300불을 요구했다. 우리 운전사는 잘못이 없으니 돈을 지불할 이유가 없고, 오히려 우리 차가 망가졌으니 수리비를 받아야겠다고 주장했다. 시간은 자꾸 흐르고, 결론은 쉽게 나지 않았다. 새파랗게 질린 아이들 때문에라도 300불을 주고 그 자리를 모면하고 싶었지만, 그래서는 안 된다는 생각이 들었다. 할 수 없이 아는 고위직 경찰에게 도움을 청했다. 그러자 문제는 의외로 간단하게 해결되었다. 몇 분 전까지 피해자의 편을 들던 사건 담당한 경찰관이 나에게 아무 잘못이 없으니 그냥 가도 좋다고 했다. 다행이라는 생각과 함께 씁쓸한 기분이 들었다.

그나마 내 경우는 아는 고위직 경찰이 있어 위기를 모면할 수 있었지만, 그렇지 못한 일반 관광객들이나 교민들의 경우 캄보디아에서 교통사고가 났을 때 취할 수 있는 방법으로 다음 경우들을 예상해 볼 수 있겠다. 첫 번째, 한국에서처럼 언성을 높이거나 상대방의 멱살부터 잡는 등 과도한 액션을 취하는 것이다. 단, 한 가지 미리 알려주고 싶은 것은 실제 그렇게 했던 한인 한 분이 캄보디아 군중들로부터 몰매를 맞았다는 것이다. 캄보디아 현지인들은 비교적 온순한 민족성을 갖고 있으나, 남에게 큰 소리를 듣거나, 상대방이 물건을 발로 차거나 손으로 치는 행위 등 과격한 모습을 보이면 심한 모멸감을 느껴 반드시 앙갚음을 해서라도 명예를 회복해야 한다고 생각한다. 그러므로 이 방법은 절대 추천하고 싶지 않은 방법이다.

두 번째, 관광객이 아닌 교민이라면 이 곳에 정착하여 산 지 오래된 선배 교민에게 연락하여 조언을 구하는 것이다. 아마 십중팔구 돈으로 합의하라고 조언할 것이다. 떳떳하지 못한 방법이므로 이 역시 추천하고 싶지 않다.

세 번째, 캄보디아 경찰을 부르는 것이다. 하지만 내 경우를 통해서 봤듯이 외국인은 현지 경찰에게 공정한 처리를 기대할 수 없으니 이 역시 '해결 방법'이라고 볼 수 없겠다. 심지어 경찰관이 부정한 돈을 요구하는 경우도 있는데 이럴 땐 앞서 말한 바와 같이 관등성명을 물어보고 한국대사관에 알리겠다고 고지하길 바란다.

네 번째, 보험사 직원을 부르는 것이다. 경찰도 해결하지 못한 일을 보험사 직원이라고 명쾌하게 해결해 줄 리는 만무하다. 아마 합의금으로 해결하는 방법을 추천할 것이고, 그 금액을 최대한 적게 하기 위한 노력 정도는 해 줄 것이다. 역시 최상의 해결책은 아니다. 명심해야 할 것은 그럼에도 불구하고 반드시 보험에 가입하고 운전면허증을 휴대해야 한다는 것이다. 운전면허증이 없으면 경찰의 임의동행 요구에 딱히 거부할 명분이 없어진다. 또한 보험에 가입되어 있지 않다면 공연히 차량을 압류당해 곤욕을 치를 수도 있다.

결국, 교통사고 시 '모면'하는 방법은 있어도 '해결'하는 방법이란 없는 듯 하다. 그저 예방이 최선, 운전면허증 소지와 보험 가입은 필수라는 사실만 기억해두자. ⓒ박형아

불의의 사고는 언제 어디서 일어날지 모른다. 특히 타국에서의 삶은 항상 불안할 수 밖에 없으므로 보완 조치로서 보험에 가입하는 것이 좋다. 이 장면은 뚤뚤붕시장 근처의 자동차 수리점에서 난 화재현장이다.

A, B 모두, 캄보디아에 온지 얼마 안 된 사람들이었다. 둘 다 초행길이었다는 공통점도 있다. 죽은 딸을 안고 응급실에서 울부짖어도 이미 늦은 일이었다.
우리는 현지인들의 겉모습만 보고 자신보다 모든 면에서 열등할 것이라고 성급하게 단정짓고 만용을 부리는 것은 아닐지 모르겠다. 그러나 설령 그들이 우둔하다 할 지라도 캄보디아의 지형과 도로사정까지 우리가 더 잘 알 수는 없을 것이다.

'몬돌끼리'까지 육로로 이동하는 것은 결코 쉽지 않은 여정이다. '프놈펜'을 출발하여 '캄퐁참'을 거쳐 일본 사람들이 잘 닦아 놓은 도로를 지나 '스놀'을 통과할 때까지는 몸과 마음이 모두 즐겁다. 그러나 비포장도로를 만나게 되면서부터 사정은 달라진다. 캄보디아에서 흔히 볼 수 없는 울창한 숲이나 꽤 경사진 길을 통과해야 한다. 좌우에 늘어선 위압적일 만큼 덩치 큰 나무들과 금방이라도 야수들이 뛰쳐나올 듯한 우거진 정글이, 힘겹게 지나가는 차량을 비웃는 듯 하다.

　차 안에 앉아 있는 자체만으로도 보통 곤욕이 아니다. 운전은 운전사에게 맡기고 뒷자리에 편히 앉아 눈 좀 붙일 생각을 했다면 오산이다. 차

천정에 머리를 부딪혀 목뼈가 부러지지 않을까, 들썩들썩하는 의자 때문에 허리를 다치는 것은 아닐까 걱정하지 않을 수 없다.

현지인들은 오토바이를 타고 이곳을 잘 지나곤 한다. 캄보디아에 정착한 지 오래된 우리 교민들 중에도 이곳을 지날 때 오토바이를 애용하시는 분이 있다. 오토바이가 더 빠르고 편하단다. 그곳 지리에 밝은 사람은 운전 솜씨를 한껏 자랑하며 속도를 내기도 하고, 자연스럽게 커브를 돌기도 한다. 필요할 때마다 저속 기어를 사용해 주는 기교도 자랑한다. 하지만, 어떤 현지인 운전사는 조금만 신경을 쓰면 평평한 길로 갈 수 있을 텐데 아무 생각 없이 울퉁불퉁한 길로 차를 몰아 간다. 그럴 때면 온몸에 있는 대로 힘을 주고 앉아 있어도 바람 앞의 촛불마냥 마구 들썩이며 흔들리는 것은 기본이고, 앞 좌석에 머리를 부딛히기도 하게 된다.

한인 동포 A씨는 '몬돌끼리'로 향하던 중이었다. 캄보디아에 대해 보다 잘 알고 있는 다른 일행들과 랜드크루저 2대에 나누어 타고 흙먼지를 일으키며 달려가고 있었다.

한참을 달리던 중에 A씨는 무슨 생각에서인지 현지인 운전사에게 뒷좌석으로 가라고 했다. 그리고 직접 운전대를 잡았다. 미개하고 운전도 못하는 현지인 운전사에게 '운전은 이렇게 하는 것이다.'라고 뽐내기라도 하듯 요리조리 핸들을 돌려가며 운전한다.

그러나 하늘이 정해 놓은 그의 삶은 거기까지였던가? 몬돌끼리 까지는 불과 몇 십 킬로도 남지 않았었는데…. A씨는 공사를 알리는 큼직한 표식(사실 그것은 바위였다고 한다)을 피하려다 그만 길옆으로 세 바퀴를 굴러 떨어지고 말았다. A씨는 차 앞 유리를 뚫고 바깥으로 튕겨 나가 목뼈 골절로 현장에서 즉사했고, 조수석에 타고 있었던 현지인 가이드 역시 중상을 입고 대수술을 받아야 했다. 현지인 운전사, 뒷자리에 동승했던 다른 교민 역시 온전치 못했다.

교통사고로 딸을 잃고 오열하던 가엾은 B씨의 모습이 떠올랐다. '시아누크빌'에서 '프놈펜'으로 올라오던 편도 1차선, 왕복 2차선의 도로에서 일어난 사고였다.

B씨는 조수석에 아내와 7살짜리 딸을, 뒷좌석에는 다른 가족들을 태우고, 운전하고 있었다. 조수석에 앉은 아내는 안전벨트를 매고 있었지만, 딸은 엄마 무릎 위에 앉혀 팔로 감싸고 있었을 뿐이었다. 앞서가는 트럭을 추월하려 한 것이 화근이었다. 추월하려던 찰나, 맞은편에서 달려오는 차량을 발견하고 다시 원래 차선으로 들어가려 했으나, 무슨 이유에서였는지 다시 중앙선을 넘어 반대편 길가에 서 있던 나무를 들이받은 것이다. 그 충격이 어느 정도였는지는 랜드크루저 차량의 일그러짐과 부딪혀 봉변(?)을 당한 나무의 깊은 상처를 통해 가히 짐작할 수 있었다.

조수석 쪽 충격이 가장 컸다. 엄마는 안전벨트 덕분에 내장 출혈과 다리 골절 등의 중상을 입고 간신히 살았다. 그러나 딸은 엄마 무릎 위에 앉은 채로 머리를 조수석 대시보드(dash board)에 부딪치는 바람에 현장에서 두개골 함몰로 즉사하고 말았다. 5분 전까지만 해도 '시아누크빌'에서 재미있게 놀았던 기억들을 즐겁게 조잘거리고 있었는데…. 순식간에 싸늘한 주검으로 변해 버린 것이다.

A, B 모두, 캄보디아에 온지 얼마 안 된 사람들이었다. 둘 다 초행길이었

다는 공통점도 있다. 죽은 딸을 안고 응급실에서 울부짖어도 이미 늦은 일이었다. 우리는 현지인들의 겉모습만 보고 자신보다 모든 면에서 열등할 것이라고 성급하게 단정짓고 만용을 부리는 것은 아닐지 모르겠다. 그러나 설령 그들이 우둔하다 할 지라도 캄보디아의 지형과 도로사정까지 우리가 더 잘 알 수는 없을 것이다. 이러한 근거 없는 편견과 자만은 어디에서부터 시작되는 것일까? ©박형아

결국 그렇게 각자 수리하는 것으로 마무리되었다. 그 다음날 보험회사로 찾아가 그 직원을 만나 이야기하면서 알게 된 사실인데, 캄보디아에서 보험에 가입한 차량은 전체에 5%가 채 되지 않으며 그 중 95%이상이 외국인이라고 한다.

캄보디아에 살면서 가장 긴장되는 것 중에 하나가 운전이다. 필자는 한국에서 운전을 오래한 편이다. 그만큼 다양한 운전 사고 경력(?)이 있다. 인사 사고를 제외한 가벼운 접촉사고부터 빙판길 사고까지, 가해자의 역할과 피해자의 역할도 번갈아 경험해 본 이력의 소유자이다.

2주전쯤으로 기억된다. 오랜만에 운동을 한 후 이곳 선교사들과 국수를 먹고 집으로 돌아가는 길에 그만 접촉사고가 났다. 사건의 전말은 이렇다. '왓뚤뚬붕'으로 들어가는 진입로가 있다. 나는 좌회전 후에 1차선을 지나 3차선에서 골목 안으로 들어가고 있었다. 이때 직진하던 오토바이가 와서 내 차에 충돌한 것이다. 내 차에는 나를 포함하여 세 명이 타고 있었다. 일단 동승한 사람들에게 괜찮은지 물었다. 다행이 모두 괜찮았다. 밖으로 나와 오토바이를 탄 사람을 보았다. 젊은 청년이었는데, 약간의 외상만 있을 뿐 괜찮아 보였다. 정말 다행이었다. 내 차는 조수석 문과 뒤쪽 문이 크게 파손되었고 오토바이는 앞 바퀴가 크게 파손되었다.

문제는 그 이후부터였다. 사고 후 불과 3~4분이나 지났을까? 인근에서 몰려온 인파로 사고 현장 주변은 인산인해를 이루었다. 주변에 있는 사람들이 대부분 나의 편을 들어서인지 청년은 아무 말이 없었다. 구경하던 한 아주머니만 내가 잘못했다고 소리를 질렀다. 조금 지나자 경찰이 도착했지만 경찰과 직접 이야기 하지 않는 편이 좋을 듯해서 곧 보험사에서 올 거라고 얘기했다.

그런데 경찰이 도착하자 구경하던 사람들의 이야기가 달라졌다. 모두 내가 잘못했다고들 말하는 것이었다. '쳇! 뭐 이런 사람들이 다 있어?' 하며 속으로만 끙끙거렸다. 40분쯤 지나 도착한 보험사 직원을 보자 더욱 어처구니가 없었다. 술을 한 잔 걸친 채 오토바이를 타고 온 것이다. 맙소사! "당신 술 마셨느냐?" 고 물었더니 보험사 직원이 하는 말이 "결혼식이 있어 어쩔 수 없었다." 라는 것이었다. 상상조차 못할 일이지만 여기서는 '결혼식'이라는 이유로 이해하고 넘어가는 분위기였다.

여기까지도 애교로 봐줄 수 있다. 합의 과정에서 보험사 직원은 내게 $100을 청년에게 주라고 했다. 왜 내가 $100을 주어야 하냐고 물었더니 청년의 오토바이를 고치는 비용이란다. 순간 너무나 어이가 없어 나도 모르게 목소리가 높아졌다. "내 차를 봐라. 누가 잘못을 했는가? 사고 난 위치로 보나, 차량의 파손된 형태를 보나 상대방이 잘못한 것이 확연하지 않느냐? 내가 잘못하면 당연히 책임을 지겠지만 앞을 보지 않고 운전한 상대방의 과실이 분명한데 왜 내가 책임을 지느냐?" 라고 했더니 다시 상대방 청년과 열심히 이야기하고 와서는 내가 좌회전할 때 깜박이를 안 켰던 것이 아니냐고 했다. 나와 동승했던 사람들이 이구동성으로 분명히 좌측 깜박이 켜고 왔다고 했더니, 그래도 경찰서를 가면 내가 불리하니까 파손 차량은 각자가 고치는 것으로 하겠다는 것이었다.

앞서 이야기 했듯이 캄보디아에서는 교통 사고가 났을 경우 법규 위반과는 관계 없이 무조건 외국인 운전자가 책임을 지게된다. 게다가 캄보디아 경찰은 자국민이 잘못한게 명백하다 하더라도 결코 외국인의 편을 들어주지 않는다. 상대방은 캄보디아인이고, 나는 외국인이니 결코 내 편을 들어주지 않을 것이다. 생각이 거기까지 미치자 더 고집을 부리는 것이 무의미하다 싶어 결국 각자 수리하는 것으로 합의를 보았다. 그 다음 날 보험회사로 찾아가 직원을 만나 이야기하면서 알게 된 사실인데, 캄보디아에서 보험에 가입한 차량은 전체에 5%가 채 되지 않으며 그 중 95%이상이 외국인이라고 한다. 자신도 경찰이고 이 일을 10년 했는데, 이런 사고에서 외국인은 무조건 불리한 것이 사실이며, 사고 당일에도 경찰들한테 자기가 잘 이야기 했기 때문에 그쯤에서 무마된 것이라고 했다. 그저 이런 일이 일어나지 않도록 하는 것이 최선이라는 씁쓸한 조언(?)도 들었다.

참 사는 것이 쉽고도 복잡하다. 정도를 찾으면 막혀있고, 쉽게 가자니 억울하다. 그럼에도 불구하고 근본적인 개선을 위해 노력해야 할 것이다. 교통체제 개선 - 너무 거창한가? ©조성규

중앙선이나 보도의 개념이 특별히 구분되어 있지 않은 도로의 모습을 곳곳에서 볼 수 있다. 때문에 항상 안전보행과 안전운행을 해야한다.

Cambodia Arirang

캄보디아 아리랑

법, 경찰

한국대사관 직원들이 한국인을 보호하기 위해 경호활동을 한다고 가정해 보자. 캄보디아 정부는 이를 어떻게 받아들이겠는가? 신변보호활동을 하려면 위해 요소로부터 대상자를 보호하기 위해 불가피하게 물리력을 행사할 수 밖에 없는데, 이러한 물리력 행사는 주재국 법령 존중 및 내정간섭 불가의 원칙을 훼손하게 될 것이며, 나아가 심각한 외교문제가 될 수도 있다. 이 곳 캄보디아에 있는 다른 나라 대사관들도 자국민을 주재국의 주권을 초월하여 보호하지 않는다. 한국에 있는 외국 대사관들이 우리나라 법을 준수하고, 한국 경찰의 지시에 따라야 하는 것과 마찬가지 이치다.

로마에서는 로마법을 따라야 하듯이, 캄보디아에서 신변보호를 받기 위해서는 캄보디아 사법 당국으로부터 협조를 받아야 한다. 대사관에서는 필요한 경우 캄보디아 정부측에 특정 한국인의 신변보호를 요청할 수 있다. 한국 대사관에서 직접 신변보호조치를 할 수 있다고 생각하는 것은 오해이다.

어느 날, L씨로부터 신변보호를 요청하는 전화가 걸려 왔다.

L씨는 여행 차 캄보디아에 왔는데, 왓프놈에서부터 수 백 명이 자신을 죽이려고 오토바이를 타고 쫓아오고 있다고 한다. 살려 달라며 하소연이다. 순간 L씨에게 정신적 결함이 있음을 직감했다. 좀 더 이야기를 들어보니, L씨는 북한을 탈출하여 우리나라에 정착했다가 캄보디아로 여행 왔는데, 북한 대사관에서 자신을 죽이기 위해 수 백 명을 프놈펜 시내에 풀어 놓아 계속 쫓기고 있다고 했다. 나는 더 이상 대꾸할 가치를 느끼지 못해, 최대한 빨리 한국으로 돌아갈 것을 권유하였다. 그리고 공항까지 택시를 타고 갈 수 있도록 도와주었다. 그러나 L씨는 무슨 생각에서였는지 택시를 타고 가다 다시 돌아와 내게 안전한 숙박시설을 안내해 달라고 했다. 할 수 없이 어느 동포가 운영하는 호텔을 안내해 주었더니, 이번에는 호텔 종업원들이 자신을 죽이려고 벽에 구멍을 뚫고 있다며 난동을 피웠다. 결국 나는 그날 밤을 꼬박 새워야 했다.

우여곡절 끝에 L씨를 한국으로 보낼 수 있었지만, 연고자를 찾는 과정에서 그의 부인으로부터 어이없는 질책을 당해야 했다. "남편 되시는 분께서 신변의 위협을 느끼신다고 대사관에 찾아오셨는데요. 혹시 이런 비슷한 얘기를 들어보신 적 있으신가요?" 라고 묻자, "지금 제 남편이 정신병자라는 겁니까? 우리나라 대사관에서 멀쩡한 자국민을 정신병자 취급해도 되는 거예요?" 라고 따지는 것이었다.

시엠립에서 어느 한인 N의 전화를 받은 적이 있다. N은 같은 한인 동포로부터 심하게 구타를 당했다고 했다. 나는 시엠립 경찰청에 신고토록 안내하는 한편, 시엠립 경찰청 고위 간부로 하여금 엄중히 수사해 줄 것을 요청했고, 시엠립 경찰청은 곧바로 수사에 착수했다. 그러나 몇 시간 뒤

시엠립 경찰청 고위 간부로부터 '피해자 · 가해자 1차 조사를 마쳤지만, 그 후 피해자가 연락되지 않아 수사를 더 진행할 수 없으니, 피해자에게 연락을 취해 달라'는 전화를 받게 되었다. N씨는 1차 조사를 받은 후, 가해자가 자신을 죽일지도 모른다는 두려움에 무작정 프놈펜으로 올라 왔다고 한다. 가해자가 캄보디아의 높은 사람들과 막역한 사이라 언제든 마음만 먹으면 쥐도 새도 모르게 자신을 죽여 버릴 수 있다고 협박했다는 것이다. N씨는 다짜고짜 대사관에서 자신을 보호해 주어야 한다면서, 내 사무실에 드러누울 태세였다. 자신을 보호해 주지 않으면, 인터넷에 올리겠다고 나를 협박하기까지 하고, 한국에 있는 그의 가족들까지도 합세하여 전화로 나를 압박하였다.

결과적으로 N씨는 우여곡절 끝에 한국으로 무사히 돌아갈 수 있었지만, 그가 바라던 대사관내 신변보호는 받을 수 없었다. 앞서 얘기했듯이 특별한 경우를 제외하고 신변보호는 재외공관 영사 업무 범위 밖에 있다. 천재지변이나 전쟁 등의 상황이라면 사정은 다르지만….

국내에서조차 신변보호를 요청할 수 있는 사람은 극히 제한적이다. 법적 근거는 '특정범죄신고자 등 보호법'에 정해 두었는데, 살인 · 존속살해 등의 범죄, 마약류 수입 등의 범죄, 범죄단체 구성 등의 범죄에 대한 신고자와 그 친족 등이 신변보호를 요청할 수 있다고 명시하고 있다.

최근 외교통상부 재외공관장 회의에서 영사서비스 지원범위에 대한 심층적인 논의가 있었다. 영사서비스는 영사관계에 관한 비엔나 협약 및 각종 사고 시 영사업무 처리지침 등에 근거한다. 영사서비스에는 우선 주재국의 법령 존중 및 내정간섭 불가의 원칙이 있다. 사적인 관계 개입불가, 개인정보보호, 법 적용 형평성 등의 한계가 존재함은 물론이다. 아울러, 수혜자 부담원칙이 있다. 통 · 번역, 변호사 비용, 보석, 소송비용, 장례비용, 항공 · 선박운임 및 기타 사건사고 처리업무에 소요되는 일체의 비용은 그 혜택을 받는 사람이 부담해야 하는 것이다. 너무 냉정하게 들릴지는 모르겠지만, 엄밀히 말하면 신변보호를 받기 원하는 사람은 자기 부담으로 경호원을 고용해야 한다.

한국대사관 직원들이 한국인을 보호하기 위해 경호활동을 한다고 가정해 보자. 캄보디아 정부는 이를 어떻게 받아들이겠는가? 신변보호활동을 하려면 위해 요소로부터 대상자를 보호하기 위해 불가피하게 물리력을 행사할 수 밖에 없는데, 이러한 물리력 행사는 주재국 법령 존중 및 내정간섭 불가의 원칙을 훼손하게 될 것이며, 나아가 심각한 외교문제가 될 수도 있다. 이런 설명을 하면 열에 아홉은 '대사관이 재외국민 보호의 업무를 최우선으로 해야 하는 게 당연한데 귀찮으니까 핑계 대는 거 아니냐?'고 이의를 제기한다. 그러나, 이 곳 캄보디아에 있는 다른 나라 대사관들도 자국민을 주재국의 주권을 초월하여 보호하지 않는다. 한국에 있는 외국 대사관들이 우리나라 법을 준수하고, 한국 경찰의 지시에 따라야 하는 것과 마찬가지 이치다.

다행히 이곳 캄보디아는 경찰 · 헌병들도 개인 경호원으로 일하는 사람들이 있고, 동포가 운영하는 경비업체도 있다. 신변보호가 필요하다면 이들을 활용하는 것도 한 방법이라 생각된다. ©박형아

"경찰 영사는 경찰과 변호사의 중간쯤이야. 때로는 한인들 편에서 변호사 역할도 해 주어야 하고, 때로는 형사과 순경처럼 발로 뛰어야 하는 거야. 중요한 것은 변호사처럼 행동할 때도 경찰관이라는 사실을 잊으면 안되듯 경찰관 업무를 수행하고 있는 중에도 재외국민보호라는 영사의 직분을 잊어서는 안돼."

경찰은 국민의 생명과 재산을 보호하는 책무를 지니고 있고, 영사 또한 재외국민 보호라는 책무를 지니고 있어 언뜻 일맥상통하는 듯 보인다. 그러나 실제 업무를 들여다보면 상당부분 차이가 있음을 발견할 수 있다. 예를 들어, 경찰의 입장에서는 해외에서 법을 어겨 수감된 자를 수사 대상 또는 체포 대상으로 인식하지만, 영사의 입장에서는 '보호받아야 할 재외국민'으로 인식한다는 점이다. 때로는 경찰로서, 때로는 영사로서 그때그때 상충되는 듯한 직무를 동시에 수행하다 보면, 나 자신도 혼란스러울 때가 있다.

얼마 전 캄보디아에서 범죄를 저지르고 체포 수감되어 있는 우리 국민을 면회했을 때의 일이다. 캄보디아 경찰의 입회 하에 탁자 하나를 사이에 두고 앉았는데 피의자는 무슨 이유에서인지 대사관에 대한 불만으로 가득 차 쏘아 붙이기 시작했다. "누구십니까? 대사관에서 여기 뭐 하러 왔습니까? 내가 구속된 게 언제인데 뭐 하다 이제야 나타나는 겁니까? 대한민국 국민이 구속되어 있으면, 대사관 영사가 곧장 찾아와야 하는 거 아닙니까?"

영사관계에 관한 비엔나 협약에 따르면 각국은 상대국 국민을 체포하거나 상대국 국민이 사망한 경우 즉시 통보하도록 되어 있다. 그러나 점점 나아지고 있긴 하지만 캄보디아는 우리 국민이 구속되었다 하더라도 제대로 통보를 해주지 못하는 실정이다.

많은 사람들이 영사의 업무와 변호사 업무를 혼동하여 '영사는 재외국민보호를 주 임무로 하는 사람이니 국가가 나 대신 내 편에 서서 나를 변호해 줄 것이다.' 라고 생각한다. 물론 영사가 알고 있는 법률적 지식을 이용하여 조언을 하는 것이 가능할지 모르나 외교부 지침은 그러한 법률 자문조차도 적절하지 않다고 정해 두고 있다. 공관은 사적인 분쟁이나 소송에 개입 할 수 없으며, 형사사건의 경우에도 우리 국민이 현지인이나 여타 외국인에 비해 현저히 부당한 대우를 받고 있을 때에만 개입할 수 있도록 엄격히 제한하고 있다. 최근에 들어서야 영사가 보다 적극적으로 재외국민 보호에 나설 수 있도록 개선되어 가는 추세이다.

캄보디아에서는 캄보디아인에 비해 외국인인 우리 국민이 부당한 대접을 받는 경우가 많다. 캄보디아인과 소송이 발생하면 불이익을 감수해야 하는 경우가 더러 있다. 도움을 요청하는 민원인에게 "외교관이 그 나라의 사법권에 간섭하는 것은 중대한 내정간섭으로서 금지되어 있기 때문에 신중해야 합니다."라고 설명하면, 민원인의 얼굴 표정은 이내 일그러진다. 그 표정은 마치 '귀찮다 이거지? 국민이 억울한 일을 하소연하러 왔는데, 고작 한다는 말이 결국 못해 주겠다는 거야?'라고 말하는 듯하다. 마음 같아서는 모든 송사에 직접 끼어들어 변호사 역할을 하고 싶은 심정이다. 그러나 외교관이 무작정 변호사처럼 행동할 수도 없는 노릇이다.

그럼 변호사가 아닌 영사, 특히 경찰 영사의 역할은 무엇인가? 라는 물음에 도달하게 된다. 이곳 캄보디아에 파견된 최초의 경찰 영사로서, 업무 영역과 업무 성격을 정립해 나가는 것은 나 자신뿐만 아니라 대사관, 후임 영사, 한인 동포 모두에게 매우 중요한 일이기도 하다.

지침이나 원칙만을 고수한다면, 대부분의 사건사고와 민원에 있어서 영사가 할 수 있는 일은 그리 많지 않기 때문에 간단히 지침과 원칙만을 설명해 주고, "제 역할은 여기까지입니다. 나머지는 알아서 해결하시기 바랍니다."라고 대답해주면 끝난다. 그러나 그렇게 한다면 동포 사회와 대사관의 관계는 점점 더 멀어지기만 할 것이다.

그렇다면, 반대로 변호사처럼 모든 의뢰된 사건들에 대해, 의뢰인의 입장에서, 의뢰인의 이익만을 위해 일해야 할까? 그러면 한인들로부터는 환영을 받을 수 있겠지만, 머지않아 캄보디아 정부 측과 마찰을 일으킨 죄(?)로 한국으로 소환 당하고 말 것이다.

문득 어느 선배가 예전에 했던 말이 생각난다.

"경찰 영사는 경찰과 변호사의 중간쯤이야. 때로는 한인들 편에서 변호사 역할도 해 주어야 하고, 때로는 형사과 순경처럼 발로 뛰어야 하는 거야. 중요한 것은 변호사처럼 행동할 때도 경찰관이라는 사실을 잊으면 안되듯 경찰관 업무를 수행하고 있는 중에도 재외국민보호라는 영사의 직분을 잊어서는 안돼." ©박형아

나는 현지 경찰에게 우리 대사관에 체포사실을 통보하지 않은 점, 영장 없이 체포시한을 넘긴 점, 쉽게 비자를 확인할 수 있음에도 확인하지 않고 있는 점을 조목조목 따졌다. 하지만, 그들은 자신의 잘못을 인정하려 하지 않았다. 나는 고위층에 문제를 제기하겠다고 했다. 소용없었다. 마음대로 해 보라는 식이었다. 대사관 직원에게조차 이러하니 일반인에게는 어느 정도일지 가히 짐작이 갔다.

한국인 K씨가 프놈펜경찰청에 잡혀 있다는 전화를 받았다. 왜 내게 직접 전화하지 않았는지 모를 일이었지만 일단 K씨와 전화통화를 했다. K씨는 공사대금이 밀려서 그런 것 같다고 한다. 공사대금을 지불하지 못해 체포된다는 것은 한국에서는 있을 수 없는 일이지만, 여긴 캄보디아다. 만약 고의로 공사대금을 떼어 먹으려고 했다면 이는 캄보디아에서 사기죄에 해당한다.

이번에는 프놈펜경찰청 이민국 직원에게 체포사유가 무엇인지 물었다. 하지만 이민국 직원에게 의외의 대답을 들었다. '공사대금' 때문이 아니라 '여권을 제시하지 못해서' 구금했다는 것이다. K씨가 불법체류자일 가능성을 언급한 것이었다. 다시 K씨에게 전화하여 왜 여권을 제시하지 못했는지 물었다. K씨는 공사대금이 밀린 까닭에 채권자가 여권을 가져갔고, 이미 경찰에 그러한 정황을 설명했으나, 경찰은 막무가내로 여권을 가지고 오라고만 할 뿐, 풀어주지 않는다고 하였다. 한편 채권자 쪽에서는 "밀린 공사대금을 지불하지 않으면, 여권을 보내주지 않겠다."고 하여 채권자와 협의 중이었다고 했다.

결국 경찰이 채권자와 입을 맞추고 돈을 받기 위해 체포한 것이라는 의심을 지울 수가 없었다. 비자 문제뿐이라면 사람을 보내 채권자가 보관하고 있는 K씨의 여권을 확인만 하면 될 일인데, K씨를 꼼짝 못하게 체포해놓고 알아서 찾아오라고 하는 건 공사대금 지불을 종용하고 있는 것이나 마찬가지로 보였다. 특히, 이번 경우에는 체포한지 5일이 지났다고 하니 영장 없이 체포할 수 있는 48시간을 훨씬 초과한 것이었다. 게다 한국인을 체포했으면서 한국대사관에 알리지도 않았다.

캄보디아 경찰이 이처럼 안일하고 부정한 모습을 보인 게 한두 번이 아니었다. 앞서 얘기했던 한국인 3인조 강도피해사건 때 '토요일 밤이라서 직원이 하나도 없으니 내일 전화하라.'며 내 도움 요청을 외면했던 프놈펜 부경찰청장을 비롯하여, 몇 차례 한국인을 체포하고서도 대사관에 알리지 않았던 프놈펜경찰청 이민국 직원들까지….

나는 대사관에 체포사실을 통보하지 않은 점, 영장 없이 체포시한을 넘긴 점, 쉽게 비자를 확인할 수 있음에도 확인하지 않고 있는 점 등을 조목조목 따졌다. 하지만, 그들은 자신의 잘못을 인정하려 하지 않았다. 나는 고위층에 문제를 제기하겠다고 했다. 소용없었다. 마음대로 해 보라는 식이었다. 대사관 직원에게조차 이러하니 일반인에게는 어느 정도일지 가히 짐작이 갔다.

결국 프놈펜경찰청장과 만나기로 약속했다. 프놈펜청장은 작년 총기강도 피해사건 때에 자정이 가까운 시각임에도 러닝셔츠 바람으로 병원까지 찾아와 피해자의 상태를 확인하고, 현장 초동 수사를 지휘한 책임감 넘치는 지휘관이었다.

우선 프놈펜경찰청장에게 한국인들의 안전을 위해 애쓰고 있음에 대한 감사를 표명하며, 양국의 돈독한 관계 및 우리 대사님과 훈센 총리와의 각별한 사이도 구체적인 사례를 들어 하나씩 설명했다. 우리 국민을 함부로 대한다면 불이익이 있을 수 있다는 점을 은근히 시사해 둘 필요가 있었기 때문이다. 프놈펜 청장은 내 말에 동의하며 진지하게 듣고 있었다. 최근 벌어진 몇 가지 사례를 조심스럽게 이야기했다. 그러자 청장이 오히려 부하들의 잘못에 분개하여 그들이 누구인지 이름을 말해 달라고 했다. 그러나 개개인을 벌하는 것보다 중요한 것은 프놈펜경찰청장이 나에게 약속한바 이상으로 직원들을 정확하게 지휘, 통솔해 주는 것이었으므로 그들의 이름을 밝힐 필요는 없다는 생각이 들었다.

수많은 지휘관들을 보아 왔다. 면전에서는 간이라도 빼 줄 것처럼 약속하지만, 뒤에서는 자기 직원을 감싸고 엉뚱한 궁리나 하고 있는 자들도 있었다. 부패한 부하 직원들 못지 않은 공공의 적들이다.

프놈펜경찰청장 역시 앞으로 좀 더 두고 봐야겠지만, 일단 이번 만남은 성과가 있었던 것 같다. K씨는 그날 오후에 풀려날 수 있었다. ©박형아

우리는 '불법체류'라고 하면 이민국 경찰에게 체포되어 형사 처벌을 받거나 고국으로 강제 송환 당하는 모습을 상상하지만, 이곳은 좀 다르다. 캄보디아는 불법체류를 한다고 해도 크게 문제되지 않는다. 그저 비자기간이 끝난 시점부터 하루 단위로 부가되는 벌금만 내면 재연장이 가능하다. 이렇다 보니 벌금 낼 돈만 있으면 누구도 불법 체류자로 지낼 이유가 없다.

타국을 방문하려면 목적에 맞는 해당 국가의 비자를 발급받아야 한다. 비자는 다양한 종류가 있다. 가장 많이 발급받는 것이 관광을 목적으로 하는 '관광비자'이다. 그리고 사업을 위한 목적으로 받는 '비즈니스비자', 학업을 위한 '유학비자', 외교관, NGO, 정부기관 등에서 공식적인 방문을 할 경우 필요한 '오피셜비자' 등이 있다. 경우에 따라 종교와 관련된 비자가 있기도 하다.

하지만 캄보디아의 비자 체계는 조금 다르다. 이곳은 비자를 크게 세 가지로 나눌 수 있다. 관광비자, 비즈니스비자, 오피셜비자이다. 여기서 유의해야 할 것이 비즈니스비자이다. 원래 비즈니스비자는 사업상의 방문을 목적으로 할 경우 발급 받는 것인데, 캄보디아에서는 오랫동안 체류하기 위한 목적으로도 비즈니스비자를 발급받는다. 기간 연장이 가능한 건 비즈니스비자 밖에 없다. 그러니 만약 캄보디아에 올 때 적어도 1개월 이상 머물 계획이라면 입국 심사를 받을 때 반드시 비즈니스비자로 받아야 한다.

한 달 전쯤인 것 같다. 잘 알고 지내는 선교사가 비자 연장을 해야 하는데 방법을 잘 몰라 도움을 요청해왔다. 그 선교사는 건망증이 심하여 비자 기간이 이미 만료된 것도 모르고 있었다. 엄밀히 말하면 '불법 체류자'로 살고 있었던 것이다. 필자는 비자를 담당하는 이민국 경찰을 집으로 불렀다. '아니, 도움을 요청한 선교사를 잡아가라고 이민국 경찰을 집으로 부르는 거야?' 라는 생각이 들수도 있을 것이다. 사실 이곳 이민국 경찰은 현지 브로커의 역할도 하고 있다.

우리는 '불법체류'라고 하면 이민국 경찰에게 체포되어 형사 처벌을 받거나 고국으로 강제 송환 당하는 모습을 상상하지만, 이곳은 좀 다르다. 캄보디아는 불법체류를 한다고 해도 크게 문제되지 않는다. 그저 비자기간이 끝난 시점부터 하루 단위로 부가되는 벌금만 내면 재연장이 가능하다. 이렇다 보니 벌금 낼 돈만 있으면 누구도 불법 체류자로 지낼 이유가 없다. 우리 선교사 역시 이민국 경찰이 집으로 도착하고 불과 몇 분 되지 않아 불법 체류자의 오명(?)을 벗을 수 있었다.

한 달 정도 시간이 흐르자 선교사 앞으로 새 비자가 나왔다. 물론 불법체류에 대한 추궁은 없었다. 이미 벌금을 다 지불했기 때문이다. 우리 상식으로는 도무지 이해할 수 없다. 어떻게 불법체류자에게 국가 공무원이 집으로 직접 찾아와 돈을 받고 비자를 연장해준단 말인가? ⓒ조성규

공문서 위조 · 변조는 아주 엄중하게 처벌하고 있다. 통상적으로 일반적인 법률 위반의 경우, 형법에 징역형과 벌금형을 같이 규정하고 있지만, 공문서 위조에 대해서는 징역형만 규정하고 있을 뿐, 벌금형이 없다. 이는 그만큼 엄중하게 처벌한다는 뜻이다. 참고로 형법 제225조를 보면, 행사할 목적으로 공무원 또는 공무소의 문서 또는 도화를 위조 또는 변조한 자는 10년 이하의 징역에 처한다고 되어있으며, 이러한 위조된 서류를 사용한 사람도 동일한 법을 적용 받는다.

베트남에서 우리나라 위조 여권을 사용했을 뿐만 아니라 공문서까지 위조한 한국인 P씨가 캄보디아로 도피했다는 첩보를 입수했다. 얼마 후, P씨가 ○○호텔에 기거하고 있다는 사실을 알아냈다. P씨는 내게 첩보가 입수되기 직전, 우리 대사관으로부터 여권 갱신을 받아 갈 정도로 대담한 자였다.

캄보디아 경찰과 수 차례 검거작전 회의를 했고, 그 사이 P씨가 ○○호텔을 빠져나갔다는 사실을 알게 되었다. 수사망은 더욱 확대되었다. 그 자의 인적 사항은 물론 사진까지 전 캄보디아 경찰에 뿌려졌다. 체포는 시간 문제였다.

어느 날 저녁, 캄보디아 경찰로부터 전화가 왔다. 한 사람을 체포했는데, 얼굴은 P씨와 비슷하나, 다른 이름의 신분증과 여권을 사용하고 있으니 와서 확인해 달란다. 만약에 엉뚱한 사람을 체포하고 있다면, 1분이라도 빨리 석방시켜야 한다는 생각에 서둘러 달려갔다. 얼굴을 보니, P씨가 틀림없었다. 이름이 뭐냐고 물었다. P씨는 나를 보자 순순히 자기 본명을 대고 실토했다. 가짜 여권을 사용했음도 시인했다. 빨리 한국으로 갈 수 있게 도와달라는 말도 잊지 않았다. 나는 "당신은 송환대상이기 때문에 간단한 절차만 정리되면, 곧 한국으로 갈 수 있을 겁니다." 라고 말해 주었다.

공문서 위조 · 변조는 아주 엄중하게 처벌하고 있다. 통상적으로 일반적인 법률 위반의 경우, 형법에 징역형과 벌금형을 같이 규정하고 있지만, 공문서 위조에 대해서는 징역형만 규정하고 있을 뿐, 벌금형이 없다. 이는 그만큼 엄중하게 처벌한다는 뜻이다. 참고로 형법 제225조를 보면, 행사할 목적으로 공무원 또는 공무소의 문서 또는 도화를 위조 또는 변조한 자는 10년 이하의 징역에 처한다고 되어있다.

흔히들 위조 여권을 사용한 자보다, 여권을 위조한 사람에 대한 처벌이 더 강할 것으로 생각한다. 그러나 형법은 동일한 법 규정을 적용토록 하여 차등을 두지 않는다. 형법 제229조를 보면, 위조된 도화, 전자기록 등 특수매체기록, 공정증서원본, 면허증, 허가증, 등록증 또는 여권을 행사한 자는 그 각 죄에 정한 형에 처한다고 되어있다.

P씨의 송환은 생각보다 늦어졌다. 그는 캄보디아법도 어겼기 때문에, 캄보디아 법에 따른 판결을 받아야 한다는 것이다. 그 와중에 P씨의 아들로부터 송환이 지연되는 것에 대해 수 차례 항의전화도 받았다. 그러나 캄보디아 사법당국에서 수사를 위해 출국조치를 취하지 않는 것에 대해 한국대사관이 다그칠 수는 없는 노릇이다. P씨의 아들에게 "캄보디아 사법당국으로부터 대답을 기다리고 있습니다. 답이 오면 연락 드리겠습니다." 라고 했지만, 마치 내가 빚진 사람이 된 듯한 기분이었다.

어느 날 동일 건으로 또 다른 한국 사람 S씨가 검거되었다는 말을 들었다. 한국 사람이 구속되었음에도 캄보디아 당국은 우리 대사관에 통보조차 해주지 않았다. 일단 교도소로 향했다. 직접 확인해 봐야 할 것 같아서였다. 면담장소에서 기다리고 있었더니, 잠시 후 S씨가 들어왔다.

"다른 나라 사람들은 감옥에 들어온 지 일주일도 안 돼서 나가던데, 왜 한국 사람은 수 십일이 지나도록 대사관 직원 코빼기도 못 보는 거요? 뭐하러 왔소?" 하며 대뜸 힐난한다.

"영사로서 불편부당한 인권유린이나 비민주적인 대우를 받고 있지는 않는지, 불편한 데는 없는지 살펴보러 왔습니다."고 설명하자, "잘 있으니까 됐죠?" 하면서 내 대답은 듣지도 않고 일어서 나가려 하였다. 나가는 모습을 그대로 지켜보고만 있어야 하는 것인지, 아니면 불러 세워야 하는지 잠시 망설였다. 결국 그를 불러 세웠다.

"도움을 주러 온 사람에게 이게 무슨 태도입니까?" 하고 물었다. 그는 "

도움은 무슨 도움? 필요 없어요!" 라며 버럭 화를 냈다. 갇혀 있는 사람의 답답한 심정도 이해되지만, 이유에 대한 설명조차 들으려 하지 않는 그 분노는 어디에서부터 비롯된 것인지…. ©박형아

오토바이를 포함한 캄보디아의 자동차 세금 납부시스템은 매우 흥미롭다. 우리나라처럼 세금 고지서가 집으로 날아 오면 세금을 은행에 납부하는 것이 아니고, '세금 납부 증명 스티커'(이하 스티커)를 파는 곳을 찾아가 구입한 후 이를 차량에 부착해야 한다. 살 수 있는 곳은 다양하다. 자동차 종류별로 스티커 파는 곳이 다르기도 하다.

몇 주 전이다. 식당에 있는데 전화가 울렸다. 가깝게 지내는 지인이었는데 언제, 어디에서 자동차 세금을 파느냐고 물었다. 세금을 판다고? 독자들은 여기서 심각한 오타가 발생했다고 생각할 것이다. 그러나 미리 말하지만 이는 오타가 아니다.

캄보디아에서 살면서 반드시 해야 체크해야 할 공공 요금 중 하나가 바로 자동차 세금이다. 자동차를 소유하고 있는 사람이나 운전을 하는 사람은 반드시 이를 점검 해야 한다. 그렇지 않으면 경찰이 도로에서 차를 불러 세우고 벌금을 받아 갈 것이다.

언제부터인지 정확하게 모르지만 올해도 어김없이 자동차(오토바이) 세금을 팔기(?) 시작했다. 정확하게 말하면 '세금을 냈다는 것을 증명하는 스티커를 사는 것'이다.

오토바이를 포함한 캄보디아의 자동차 세금 납부시스템은 매우 흥미롭다. 우리나라처럼 세금 고지서가 집으로 날아 오면 세금을 은행에 납부하는 것이 아니고, '세금 납부 증명 스티커'(이하 스티커)를 파는 곳을 찾아가 구입한 후 이를 차량에 부착해야 한다. 살 수 있는 곳은 다양하다. 자동차 종류별로 스티커 파는 곳이 다르기도 하다. 즉 배기량이 작은 차들과 배기량이 큰 차가 가는 곳이 다르다. 그러므로 소유 차종의 특성을 잘 알고 찾아 가야 한다. 또한 스티커를 파는 곳은 사무실인 경우도 있지만 대부분은 관련 공무원들이 도로에 좌판을 깔고 앉아서 판다. 이런 장소는 이미 잘 알려져 있는 곳이 많아 우리 한인들도 쉽게 찾을 수 있다.

또 하나 흥미로운 것은 세금 납부 시, 다시 말해 스티커를 살 때 처리 비용이 발생한다. 우리나라의 경우에는 고지서 발행에 대한 별도의 비용이 발생하지 않지만, 여기서는 공무원들이 스티커에 일일이 기입해주는 일을 하다 보니 보이지 않는 뒷거래를 한다. 즉, 일종의 수고비를 요구하는데, 보통 $1이거나 R5,000 정도를 요구한다.

스티커를 사러 갈 때는 반드시 전년도 영수증을 가지고 가야 한다. 전년도 영수증이 없으면 불법 차량으로 간주되는 등의 곤란한 일을 당할 수 있다. 전년도 영수증이 없이도 운 좋게(?) 발급이 되는 경우도 있지만, 발급이 안 될 경우의 곤란을 대비하여 항상 전년도 영수증은 간직하고 있어야 한다.

스티커 발급 시 공무원들이 일일이 써주다 보니 시간이 많이 걸린다. 그래서 대기하는 사람들로 긴 줄을 이루고 있는 것이 보통인데, 이때 상당한 인내심을 필요로 한다. 게다 스티커를 항상 살 수 있는 것도 아니다.

공무원들의 업무 시간이 오전엔 8시부터 11시까지, 오후는 2시부터 4시까지이므로 일찍 가서 대기하거나 현지인 직원을 시켜야 한다. 한 달 정도의 납부 기간이 있지만, 시간적인 여유가 있다고 생각하여 늑장 부리다 기간을 놓치기 십상이다. 기간을 놓치게 되면 사무실로 가서 사야 한다. 물론 사무실로 차를 몰고 가는 동안 경찰의 눈을 피해 다녀야 하는 것은 당연하다. ©조성규

자동차 앞유리에 부착되어 있는 수많은 세금스티커들

기소중지자가 수사기관의 조사를 받고 불기소 처분을 받게 될 지, 법원에 기소되어 유죄판결을 받게 될 지는 조사를 받기 전까지 알 수 없는 것이다. 다만, 수사기관의 출석요구에 불응했다는 점은 비난 받을 수 있다. 당당하게 수사기관의 출석요구에 응하지 못했다면, 당연히 무슨 잘못이 있을 것이라 추측할 수 있기 때문이다. 그러나 그 중에는 법을 제대로 알지 못하여, 막연히 조사받는 것을 두려워한 나머지 출석하지 못한 사람도 있을 것이다. 경찰 영사로서 나는 법률지식 부재로 이런 아픔을 안고 살아가는 동포에 대해 당사자의 입장에서 최선책이 무엇인지, 올바른 해법이 무엇인지를 고민해 본다.

캄보디아에 부임하기 직전 주변의 많은 사람들이 캄보디아에 대한 여러 가지 이야기를 들려주었다. 많은 이야기들이 흥미롭고 놀라웠지만 특히 기소중지자가 많다는 이야기는 적지 않게 충격적이었다. 이는 캄보디아에서 경찰 영사로서 해야 할 일이 많다는 뜻이기도 했지만, 도대체 얼마나 많은 기소중지자가 있길래 한국에서조차도 그렇게 인식하고 있을까 싶었다. 그들 중에는 기소중지자라는 사실이 주변에 알려지면서 알게 모르게 피해를 입는 경우가 있다. 음지에서 부당한 협박을 당하거나, 도와

주겠다는 거짓에 속아 돈이나 향응을 제공해야 하는 것이다.

흔히 '기소중지자'라 하면, '죄를 저지르고 도망한 죄인' 정도로 인식한다. 그러나 나는 단호히 그것은 잘못된 정의라고 말하고 싶다. 죄가 있는지 없는지는 판사의 판결이 있기 전까지는 알 수 없기 때문이다. 더군다나 어느 선진국의 예를 따르더라도 -우리 나라도 마찬가지다- 모든 피고인은 유죄판결이 있기 전까지는 무죄로 추정된다. 재판에 회부된 사람조차도 무죄로 추정하는 '무죄추정의 원칙'을 따르고 있는데, 하물며 수사기관의 조사조차 받지 않은 사람을 죄인이라 단정짓는 것은 분명 잘못이다.

검찰이 형사사건을 처리하는 방식에는 기소, 불기소, 기소유예, 기소중지가 있다. 기소는 혐의가 인정된다고 판단하여 법원에 소를 제기하는 것이고, 불기소는 혐의가 인정되지 않거나, 처벌이 불가하다고 판단되어 법원에 소를 제기하지 않는 것이다. 기소유예는 죄는 인정된다고 보여지나, 실익이 없을 정도로 미미한 범죄라고 판단되는 경우에 검사의 재량으로 소를 제기하지 않는 것이고, 기소중지는 기소, 불기소, 기소유예 처분을 내릴 수 있을 만큼 충분한 조사를 마치지 못했을 때에 최종 판단을 유보하는 경우이다. 피고소인 또는 혐의자를 조사하지 못하였을 때나 중요한 참고인을 조사하지 못했을 경우와 같이 조사가 더 필요하다는 판단에서 비롯된다. 그러므로 기소중지자가 수사기관의 조사를 받고 불기소 처분을 받게 될 지, 법원에 기소되어 유죄판결을 받게 될 지는 조사를 받기 전까지 알 수 없는 것이다.

다만, 수사기관의 출석요구에 불응했다는 점은 비난 받을 수 있다. 당당하게 수사기관의 출석요구에 응하지 못했다면, 당연히 무슨 잘못이 있을 것이라 추측할 수 있기 때문이다. 그러나 그 중에는 법을 제대로 알지 못하여, 막연히 조사받는 것을 두려워한 나머지 출석하지 못한 사람도 있을 것이다.

작년 한 해 동안 캄보디아에서 한국으로 돌아간 기소중지자 중 구속된 사람은 1명뿐이었다. 나머지 사람들은 모두 경찰의 조사를 받고 곧바로 풀려났는데, 그 소식을 국제전화까지 걸어 전해줘서 오히려 내가 더 고마워했던 기억이 있다. 그들은 처음에 막연한 두려움 때문에 조사받을 엄두를 내지 못했었지만, 조사를 받고 나서는 오랜 세월 죄인처럼 숨어 지냈던 무거운 짐을 홀가분하게 내려놓을 수 있게 되었다고 한다.

일부 파렴치한 이들은 기소중지자의 이 같은 두려움을 악용하기도 한다. 그 중에는 자신이 캄보디아 내 군 · 경찰 등 실력자들과 친분이 있다고 과시한 후, 자신의 집에 숨겨주겠다면서 돈을 받아 챙긴 자도 있다고 한다. 이는 명백한 범인은닉죄에 해당된다. 아무리 막강한 권력을 가진 캄보디아 사람이라고 해도 한국의 기소중지자를 숨겨 줄 수는 없다. 당연히 그는 기소중지자를 숨겨주지도 못했고, 여태 받은 돈도 돌려주지도 않고 있다고 한다. 최근에도 이와 비슷한 사례가 있었다. 어느 날이었다. 누군가가 불쑥 내 방으로 찾아 왔다.
“저는 홍길동(가명)입니다. 영사님께서 찾으셨다고 해서 왔습니다.”
“누구시라고요?”

"제가 홍길동(가명)입니다. 영사님께서 저를 찾으셨다고 하던데…."
"그래요? 누가요?"
"그게... 김철수(가명)씨가 그러던데요? 대사관에서 저를 찾는다고요."
"김철수라는 사람을 알고는 있지만, 홍길동씨를 찾은 적은 없습니다만…."
"사실은 제가 수배자입니다. 김철수씨가 저보고 박영사님이 찾는다고 해서 이렇게 왔습니다."
"김철수씨가 그렇게 말하던가요? 제가 보자고 했다고요?"
"네."

김철수에게 전화를 했다.
"홍길동씨에게 제가 보자고 했다 그랬나요?"
"아니요?"
그는 시치미를 뗐다. 너무나 천연덕스럽게 거짓말을 하고 있어 화를 내기가 머쓱할 정도였다.
"다시 한 번, 당신 입에서 내 이름이 거명된다거나, 내 이름을 판다거나 했다는 말이 들리면, 그때는 가만있지 않겠습니다."
그는 절대 그런 일 없다며 오해하지 말라고 능청을 떤다.

그 일이 있고 난 후, 일주일쯤 지났을까? 어느 다른 동포로부터 만나자는 연락을 받았다.
"김철수씨가 그러던데, 박영사님이 저를 만나고 싶다고 하셨다면서요?"
"네?"

나는 내 귀를 의심했다. 서서히 분노가 치밀어 올랐다. 알고 보니 그 사람도 기소중지자였다. 김철수는 지난번 나의 경고전화를 받고서도 여전히 다른 기소중지자에게 그런 거짓을 퍼뜨리고 다녔던 것이다. 당장 김철수와 통화하려 했지만 연결되지 않았다. 출국 중이란다. 난 그 기소중지자를 통해 김철수에게 연락 달라는 메시지를 전했지만, 아직까지도 아무 연락이 없다.

우리 경찰청은 해외에 체류중인 기소중지자가 600명을 넘어서는 것으로 파악하고 있다. 내 생각에는 그보다 훨씬 많을 듯싶다. 특히 캄보디아는 도피하기 쉬운 곳이다. 허술한 출입국 규제와 공무원들의 부정부패에 편승하면 다른 나라에 비해 어렵지 않게 숨어 지낼 수 있다. 캄보디아뿐만 아니라 주변 동남아 국가들도 대동소이 하다고 볼 수 있다.

기소중지자들 중에는 살인, 강도 등을 저지른 흉악범들도 있지만, 대개 경제사범이라 불리는 금전 관련 범죄자들이다. 통상적으로 사업을 하다가 이런 저런 사정으로 망하게 되면, 채권자들이 채무를 독촉하며 괴롭히게 마련이다. 서로 간에 적정한 합의가 이루어지지 않으면, 채권자는 결국 채무자를 고소하게 되고, 이러한 경우에 통상 '사기죄'라는 죄명을 달게 된다. 하루 아침에 정상적인 사업가가 사기범으로 낙인 찍히게 되는 것이다. 특히 1997년 시작되었던 IMF 당시 많은 사람들이 부도와 도산으로 인해 사기범으로 몰려, 해외로 나와 범죄자 아닌 범죄자로 살아가고 있다. 물론 이들 중에도 파렴치한은 있다. 수사기관의 출석요구에 응하지 않고 외국으로 도피해놓고, 피해자들의 피해에 대해서는 관심도 없이 자기 이익만 챙기려는 자들이 그들이다. 자신이 기소중지자임을 알고 있고, 어느 정도 해결할 수 있는 능력이 있음에도 불구하고 해결은 뒷전, 골프를 즐기거나 룸살롱, 슬롯머신 게임장을 거리낌 없이 드나들기도 한다.

일전에 송환했던 한 기소중지자는 자신으로 인한 피해자가 수 천 명에 이르는데도, 송환 당하기 직전까지 카지노에서 수백, 수천 불씩을 탕진하고 있었다. 피해를 입은 사람은 혹시나 하는 마음으로 사법당국에 신고하고, 피해를 보상받을 수 있기만을 기다리고 있는데, 가해자는 별다른 제재 없이 버젓이 거리를 활보하고 있다면, 이는 분명 온당치 못하다. 그러나 정확한 법률지식 부재로 이런 저런 사람들로부터 협박을 당하면서, 도망자 신세로 살아가는 것 또한 바람직하지 않다. 여권이 만료되었음에도 갱신이나 재발급을 받지 못해, 불법체류상태로 객지에서 이민국 경찰의 눈을 피해 살아가야 하는 고통, 동포사회에서도 떳떳하게 얼굴을 들지 못하고 말 한마디 맘대로 하지도 못하는 답답한 심정은 당사자가 아니면 알 수 없을 것이다.

경찰 영사로서 나는 법률지식 부재로 이런 아픔을 안고 살아가는 동포에 대해 당사자의 입장에서 최선책이 무엇인지, 올바른 해법이 무엇인지를 고민해 본다. ©박형아

나는 한국 교민에 대한 정상적인 '체포와 구금'에 대해 캄보디아 경찰 측에 수 차례 따져 봤지만, 소득이 없었다. 인권의식 자체가 희박하기 때문에, 무슨 뜻인지 이해시키는 데만 서너 시간이 넘게 소요될뿐더러, 이해해도 받아들이려 하지 않았다. 그러나 한꺼번에 모든 것이 바뀌지 않더라도 우리는 지치지 말고 계속 하나하나 따져야 한다. 누군가가 이의를 제기하지 않는다면, 이와 같은 일은 당연시되어 계속 반복될 것이기 때문이다. 체포와 관련한 이러한 사전지식을 알고 있다면, 경찰에 억울하게 체포된 경우, 용기를 내서 따져 볼 수 있을 것이다. 48시간이 지나도 영장이 발부되지 않는다면 석방된다는 사실도 알아두어야겠다. 최소한, 영장 없이 48시간 이상 구금하는 행위, 한국대사관에 연락 못하게 하는 일체의 행위, 이 부분에 대해서 만이라도 분명히 따져야 할 일이다.

오래 전 일이다. 어느 동포 한 분으로부터 전화가 왔다. 서두부터 "죄송하다."고 한다. 무엇이 죄송하냐고 물었더니 "돈을 못 갚아서 경찰서에 잡혀 있다." 는 것이었다.

돈을 못 갚으면 경찰에서 붙잡아 둘 수 있을까? 우리나라의 경우 돈을 못 갚았다고 해서, 경찰이 그 채무자를 붙잡아 둘 수 없다. 그러나 이곳 캄보디아에서는 변제할 때까지 가두어 두고, 변제하면 내보내 준다는 간단한(?) 논리가 적용되고 있다.

자유민주주의 국가에서는 신체의 자유를 제한함에 있어 매우 신중하다. 우리나라 헌법 제12조 ①항은 신체 구금에 대해 다음과 같이 규정하고 있다.
"모든 국민은 신체의 자유를 가진다. 누구든지 법률에 의하지 아니하고는 체포·구속·압수·수색 또는 심문을 받지 아니하며, 법률과 적법한 절차에 의하지 아니하고는 처벌·보안처분 또는 강제노역을 받지 아니한다."
결국 신체 구금에는 법원 발부 영장 등의 적법한 절차가 필요하다는 것인데, 캄보디아 경찰이 주로 사용하는 체포는 우리나라의 '긴급체포' 제도와 비슷한 것으로 보인다.

우리나라의 경우 영장 없이 체포할 수 있는 경우는 현행범체포와 긴급체포, 두 경우뿐이다. 헌법 제12조 ③항에 다음과 같이 규정하고 있다.
"… 현행범인 경우와 장기 3년 이상의 형에 해당하는 죄를 범하고 도피 또는 증거인멸의 염려가 있을 때에는 사후에 영장을 청구할 수 있다."

형사소송법 제200조의 3에는 긴급체포에 관해 "검사 또는 사법경찰관은 피의자가 사형, 무기 또는 장기 3년 이상의 징역이나 금고에 해당하는 죄를 범하였다고 의심할 만한 상당한 이유가 있고, 증거를 인멸할 염려가 있거나 도망 또는 도망할 염려가 있는 경우에 긴급을 요하여 지방법원판사의 체포영장을 받을 수 없는 때에는 그 사유를 알리고 영장 없이 피의자를 체포할 수 있다."고 규정되어 있다.

'긴급을 요하여….'에 대한 해석에 논란이 있을 것을 대비하여, "이 경우 긴급을 요한다 함은 피의자를 우연히 발견한 경우 등과 같이 체포영장을 받을 시간적 여유가 없는 때를 말한다." 는 자세한 설명까지 법 조항에 적시했다. 아울러 "긴급 체포한 경우, 피의자를 구속하고자 할 때에는 체포한 때부터 48시간 이내에 검사는 관할지방법원판사에게 구속영장을 청구해야 하고…. 구속영장을 청구하지 아니하거나 발부 받지 못한 때에는 피의자를 즉시 석방하여야 한다." 고 규정되어 있다.

캄보디아 경찰이 이러한 긴급체포 형식으로 채무자를 구금한 것이라면, 형식상 큰 잘못은 없어 보인다. 다만, 긴급체포 요건에 해당되는지 살펴볼 필요가 있다. 첫째, 죄를 범하였다고 의심할 만한 상당한 이유가 있는지, 둘째, 증거인멸의 우려, 또는 도망의 우려가 있는지, 셋째, 긴급을 요하여 영장을 받을 수 없었는지….

첫째, 죄의 부분에 있어 우리나라의 경우, 채무불이행 죄는 없다. 외국에서는 채무불이행 죄를 처벌하는 예가 있으나, 이곳 캄보디아는 우리나라와 마찬가지로 채무불이행만으로 처벌할 수 없다.

다만 단순 채권채무관계인지 형법상 사기죄에 해당하는지에 대하여 수사할 수는 있다. 경찰이 사기죄에 해당된다고 판단했다면, (잘못 판단했을 경우에 대해서는 별론으로 하더라도) 체포 · 구금은 가능할 것이다. 둘째와 셋째 요건에 대해서도 경찰의 판단에 맡길 수 밖에 없다. 이 부분에 대한 경찰의 판단이 잘못된 것이라면, 수사권 또는 공권력 남용으로 문제를 삼을 수 있겠지만, 캄보디아는 우리나라와 같이 민주주의가 발달된 나라가 아니기 때문에, 기대한 소득을 거두기는 어렵다. 나도 이 부분에 대해 캄보디아 경찰 측에 수 차례 따져 봤지만, 소득이 없었다. 인권의식 자체가 희박하기 때문에, 무슨 뜻인지 이해시키는 데만 서너 시간이 넘게 소요될뿐더러, 이해해도 받아들이려 하지 않았다. 그러나 한꺼번에 모든 것이 바뀌지 않더라도 우리는 지치지 말고 계속 하나하나 따져야 한다. 누군가가 이의를 제기하지 않는다면, 이와 같은 일은 당연시되어 계속 반복될 것이기 때문이다.

체포와 관련한 이러한 사전지식을 알고 있다면, 경찰에 억울하게 체포된 경우, 용기를 내서 따져 볼 수 있을 것이다. 48시간이 지나도 영장이 발부되지 않는다면 석방된다는 사실도 알아두어야겠다. 최소한, 영장 없이 48시간 이상 구금하는 행위, 한국대사관에 연락 못하게 하는 일체의 행위, 이 부분에 대해서 만이라도 분명히 따져야 할 일이다.

해외에서 가족이나 일행이 뜻하지 않게 실종되면 순간 당황하게 마련이다. 이 때 침착하게 대사관이나 영사콜센터에 실종 신고를 하는 것이 바람직하다. 대사관은 실종 신고가 접수되면 캄보디아의 관계 기관에 출입국 조회나 기타 조사활동을 요청하게 되는데, 여기에는 상당한 인력과 행정력이 소요된다.

그러므로 실종 신고자는 실종자와 연락이 닿거나 찾게 되면 신고했던 다시 대사관이나 영사콜센터에 알려줘야 장기간 실종으로 남아 불필요하게 행정력이 낭비되는 것을 막을 수 있다.

새벽에 일어나 보니, 밤 사이에 부재중 전화가 3통이나 와 있었다. 새벽에 일찍 일어나는 습관이 있는 터라, 보통 사람들보다 일찍 잠자리에 드는데, 그 때문에 전화를 받지 못한 것 같다. 지금까지 한 번도 없었던 일이었다. 미안한 마음에 서둘러 전화를 했다. 수화기에서 퉁명스러운 남자의 목소리가 들렸다. 그는 긴급전화번호가 불통인 점에 대해 항의를 했다. 나는 몇 번이고 죄송하다는 말과 함께 무슨 도움이 필요하냐고 물었다. 그는 아무 도움도 필요 없다고 퉁명스럽게 말하고는 전화를 끊어버린다. 무슨 일이었는지, 하룻밤 사이에 해결은 잘 된 것인지, 별 일은 없는 것인지 오히려 더 걱정되고 궁금했다. 의문은 부재중 메시지를 확인한 후에야 풀렸다. 한국에서 관광오신 분들이 연락이 되지 않아 걱정된다는 메시지가 녹음되어 있었다. 불안한 마음에 전화를 했던 것이고, 밤 사이 그들을 다시 찾은 것이라 짐작되었다. 이렇게 종종 대사관으로 가족 또는 친구, 직장 동료가 연락이 되지 않아 걱정된다는 전화가 온다.

그러나 아쉽게도 실종자와 실종 신고자(대체로 가족)가 연락이 닿거나 찾았을 경우, 다시 전화해서 알려주는 경우는 열에 하나도 안 된다. 해외에서 가족이나 일행이 뜻하지 않게 실종되면 순간 당황하게 마련이다. 이 때 침착하게 대사관이나 영사콜센터에 실종 신고를 하는 것이 바람직하다. 대사관은 실종 신고가 접수되면 캄보디아의 관계 기관에 출입국 조회나 기타 조사활동을 요청하게 되는데, 여기에는 상당한 인력과 행정력이 소요된다.

그러므로 실종 신고자는 실종자와 연락이 닿거나 찾게 되면 신고했던 다시 대사관이나 영사콜센터에 알려줘야 장기간 실종으로 남아 불필요하게 행정력이 낭비되는 것을 막을 수 있다.

예전에 어떤 사람은 한 달 이상 연락이 두절되어 한국에 있는 가족들이 정식으로 실종신고를 한 적이 있었다. 그의 행적을 추적해보니, 한국에서 태국을 거쳐 캄보디아에 입국한 것까지만 확인이 되었다. 캄보디아로 입국한 흔적은 찾았지만, 출국한 기록은 찾지 못한 상태로 몇 주간의 시간이 지났다. 공항을 통과한 경우라면 캄보디아 당국에 출입국 조회를 의뢰하여 빠르면 1주일 만에도 결과를 확인할 수 있지만, 육로를 통해 입 · 출국을 한 경우에는 결과가 나오기까지 1달 이상 소요되기도 한다. 입국할 때 입국 심사대에서 찍은 사진까지 입수하여 수소문해 보았지만 찾을 수가 없었다. 혹시나 하는 마음에 한국에 있는 부모에게 전화해 보았더니, 그 후 베트남에서 스킨스쿠버 강습을 받은 영수증이 집으로 배달되었다고 한다.

베트남대사관으로 사건을 이첩하고 얼마 안 되어 그의 부모로부터 연락이 왔다. 아들이 중국에 있는 걸 확인했다며 여러 가지로 불편하게 해 드려 죄송하며 일부러 전화 해준 것이 너무 고마웠다.

최근에는 길 잃은 할아버지를 극적으로 찾은 일이 있다. 그는 캄보디아에 사는 가족을 방문했다가, 어느 날 아침, 산책을 하러 길을 나섰다. 몇 차례 산책한 경험이 있는지라 그리 대수롭지 않게 생각했던 것 같다. 그러나 이 곳 캄보디아에서 한 번 방향 감각을 잃게 되면 연령이나 학벌에 관계 없이 속수무책이 되고 만다. 할아버지는 캄보디아 말은커녕 영어도 한 마디 할 줄 몰랐고, 수중에는 100리엘(한화 37원 상당)짜리 한 장 없었다. 전화번호도 적어 놓지 않아서 어디 연락할 수도 없었다. 뙤약볕이 내리쬐는 프놈펜 시내를 이리저리 헤매다 보니 그 길이 그 길 같고, 그 사람이 그 사람 같아 보인다. 간신히 물은 조금씩 얻어 마셨지만, 몇 끼를 굶었더니 기운도 없고 정신도 흐려진다.

가족들은 가족들대로 안절부절이었다. 나는 우선 할아버지의 사진을 구해 달라고 했다. 사진을 캄보디아 경찰들에게 통보해 주고 찾아 달라고 할 참이었다. 재치 있는 어느 교민이 사진을 넣은 전단지를 만들어 왔다. 한국 사람, 외국 사람, 캄보디아 사람 누구든 전화통화를 할 수 있도록 3가지 전화번호를 넣었고, 입고 있던 옷 색깔까지 그려 넣었다. 연

일반적인 주택가는 특별한 랜드마크가 없어서 자칫 방향감각을 잃어 버리기가 쉽다. 특히 해가 지면 가로등이나 다니는 사람이 많지 않아서 더욱 당황스럽게 된다.

락 주시는 분께는 사례하겠다는 안내도 빠뜨리지 않았다. 경찰서를 비롯한 여기 저기에 수 천 장의 전단지가 뿌려졌다. 얼마 안 되어 할아버지를 찾을 수 있었다. 전단지의 사진을 보고 할아버지를 알아 본 어느 캄보디아 여자가 전화를 한 것이다. 마침 장대비가 쏟아지려던 참이었던 지라 더욱 다행스러웠다.

캄보디아뿐만 아니라 해외로 여행을 떠나 뜻하지 않게 길을 잃을 경우를 대비하여 철저하게 준비해야 할 것이 몇 가지 있다. 첫째, 여행을 떠나기 전 여행할 국가에 대한 기본적인 정보를 숙지하고, 현지에 있는 우리 대사관, 영사콜센터의 연락처를 잘 챙긴다. 둘째, 여권 사본이나, 인적 사항 등을 가족이나 가까운 지인에게 남겨 놓는다. 셋째, 국내에 있는 가족과 수시로 연락하여 걱정하지 않도록 한다. 참 당연하고도 쉬운 일인 것 같으나 의외로 잘 지켜지지 않는 부분이다. 특히 일정이 변경되는 경우에는 반드시 가족들에게 미리 연락을 취해 알려줄 것을 당부 한다. 넷째, 해외에서 체류하는 중 외출을 할 때는 앞서 얘기한 비상 전화번호와 비상금을 반드시 소지한다.

그러나 무엇보다 중요한 것은 가급적 '혼자서 외출하지 않기'이다. 특히 치안이 발달하지 않은 나라에서의 단독 행동은 범죄자의 표적이 되기 쉽기 때문이다. ©박형아

멀리 독립기념탑이 보인다. 도시를 여행할 때는 이러한 랜드마크를 잘 기억해두면 길을 찾아 다니는데 유익하다.

그들은 3명이었는데, 모두 술에 취해 있었다. 캄보디아 사람들이 잔뜩 모여 서서 한국 사람들의 술주정을 지켜보고 있었다. 안 되겠다 싶어 캄보디아 경찰을 불러 체포하도록 조치했다.

다음날 아침 일찍 그들이 체포되어 있는 프놈펜경찰청 산하 외사과로 찾아갔다. 이제는 술이 깨었는지 다소곳이 인사들을 한다. 모두 캄보디아에 여행 온 대학생들이었다.

토요일 밤이었다. 그 날도 밤늦게까지 보고서 작성을 하고 12시 반쯤 잠을 청했다. 잠든 지 얼마나 되지 않아 아내가 나를 흔들어 깨웠다. 누가 집으로 찾아 왔다는 것이다. 시계를 보니 새벽 2시 반이었다. 잠자리만큼은 방해 받고 싶지 않았지만 어쩔 수 없었다.

밖으로 나가보니, 대사관 경비대장인 현지인 직원이 서 있었다. 한국 사람들이 한국 대사관 문을 발로 차면서 행패를 부리고 있다는 것이었다. 대사관 명패도 떼어냈다 한다. 이는 공익건조물 파괴죄에 해당될 만한 사안이었다. 참고로 공익건조물 파괴죄는 형법 제367조(공익건조물 파괴)에 의하면 10년 이하의 징역 또는 2천 만원 이하의 벌금에 처할 수 있다고 되어있다.

그들은 3명이었는데, 모두 술에 취해 있었다. 캄보디아 사람들이 잔뜩 모여 서서 한국 사람들의 술주정을 지켜보고 있었다. 안 되겠다 싶어 캄보디아 경찰을 불러 체포하도록 조치했다.

다음날 아침 일찍 그들이 체포되어 있는 프놈펜경찰청 산하 외사과로 찾아갔다. 이제는 술이 깨었는지 다소곳이 인사들을 한다. 모두 캄보디아에 여행 온 대학생들이었다.

경찰대학생 시절 1주일간 동대문경찰서의 한 파출소로 실습을 나갔던 때가 생각났다. 토요일이었던 첫 날, 오후 일과를 마친 후 9시 뉴스까지 시청하고 잠을 청하러 숙소로 올라가는데, 순경 아저씨가 팔을 잡았다.

"진짜 근무는 이제부턴데, 벌써 올라가면 어떻게 하나?"

"...?"

무슨 뜻인지 알 수 없었지만 어쨌든 다시 책상에 자리를 잡고 앉았다.

12시정도 되니 사람들이 몰려 들어왔다. 대부분이 술 취한 사람들이었는데 그 중에는 막무가내로 경찰관의 멱살을 잡는 사람들도 있었다. 무슨 말인지 알아들을 수는 없었지만, 요지는 비슷했다. 자신은 잘못이 없는데, 경찰이 무언가를 잘못하고 있다는 것이었다. 그런 실랑이는 아침까지 계속되었다. 신기한(?) 건 그런 사람들 대부분이 아침에 술만 깨면 순한 양으로 변한다는 것이다. 깊이 뉘우친다면서 한번만 봐 달라고 사정을 한다.

20년 가까운 세월이 지난 지금은 어떤가? 강산이 두 번이나 바뀌었건만 파출소에 와서 추태를 부리는 모습은 변함없이 반복되고 있다. 오히려 맨 정신인 사람들까지도 종종 민주주의 국가 운운하면서 이런저런 트집을 잡으며 술주정 못지 않은 소란을 피운다.

외사과 사무실에 체포되어 있는 그들도 젊은 대학생들이었다. 저들이 머지않은 미래에 우리나라를 짊어지고 갈 사람들이라는 생각이 들자 절로 한숨이 나왔다. 이유를 들어보니 '모토돕' 운전사와 가격을 흥정하다가 시비가 붙어 캄보디아인 수 십 명으로부터 집단 구타를 당했다고 한다. 친구 한 명은 도망을 갔는데, 캄보디아인들이 쫓아갔고, 아직 연락이 되지 않아 죽은 것은 아닌지 걱정되어 한국대사관으로 갔었다고 한다. 그런데 경비원들이 들여보내 주지도 않고 한국인 직원도 나오지 않자 홧김에 문을 발로 차서 부수고, 한국대사관 간판을 흔들어 떼었다고 한다. 그들은 대사관 안에 한국 사람이 자고 있을 것으로 생각했었다고 한다.

새벽에 관공서에 와서 직원 나오라고 큰 소리 치는 것도 어이없지만, 안 나온다고 문을 부수고 명패를 떼어내 버리는 이런 행동을 단지 젊은 나이의 객기와 술의 탓으로 돌리며 합리화 할 수 있을까?

게다 이 곳은 우리 나라가 아니라 캄보디아이다. 타국에서 이런 추태를 부려 나라 망신을 시켜놓고도 캄보디아인들을 내려다보며 그들에게 선진 국민으로 대우 받기를 원하는지 궁금하다. ©박형아

캄보디아의 한국대사관 위치는 214번 길가에 위치하고 있으며, 주위에는 싱가폴은행과 우리나라 국민은행이 대사관 앞에 있다.

그 후 A는 한국에서 그 아버지와 상봉을 하고 ○○정신건강병원에 입원했다 한다. 그는 유복한 가정에서 태어나 미국에서 유학을 마친, 장래가 촉망되는 젊은이였다고 한다. 일본에 있는 동안에도 책임감이 강하고 사회성이 좋아 한인회 총무를 맡기도 했다 한다. 그랬던 아들이 정신장애를 일으켜, 낯선 나라에서 행방불명이 되어 어떻게 될지 모르는 상황이 되었으니, 그 어머니의 마음은 찢어지는 듯했으리라.

"영사님, A라는 사람이 찾아 왔는데, 돈이 하나도 없어서 한국에서 송금을 받고 싶다며 도와달라고 합니다." "한국에서 송금해 줄 사람이 있으면, 계좌번호를 알려 드리겠다고 전달해주세요."
이번에는 A의 어머니에게서 전화가 왔다.
"영사님, 한국에 있는 A의 엄마 되는 사람입니다."
"아, 예 돈을 부치셨나요?"
"네, 돈은 부쳤는데요, 그 애한테 돈을 주시면 안 됩니다."
"예? 그건 무슨 말씀이신가요?"
어머니는 A가 현재 약간의 정신이상 증세가 있어서 약물치료를 받고 있는 중이라며, 돈을 주면 돈만 받아 도망할 것이니 아이를 책임지고 한국으로 보내달라고 부탁하였다. 영사조력범위에 해당되는 일인지, 법적으로 문제가 없는지 사전에 검토해야 할 문제였지만, 일단 A를 만나 보기로 했다. 이 때까지만 해도 한국에 있는 A의 가족이 계좌로 입금한 돈을 달러로 환전해서 A에게 전해주는 간단한 서비스 업무가 이토록 복잡해지리라고 미처 예상치 못했다.

40대 초반의 그는 언뜻 보면 거의 정상인처럼 보였다. 자초지종을 들어보았다. 그는 일본에 살고 있었는데, 홍콩, 상하이, 태국을 거쳐 캄보디아로 들어왔다고 한다. 일본에서 나올 때는 돈이 좀 있었으나 그 동안 여행경비로 다 써버려 이후로는 노숙을 하면서 며칠 굶었다고 했다. 나는 그에게 목욕과 식사 할 돈을 주고 비행기 표를 알아 본 후 정해진 시간에 만나자고 약속을 했다. 어머니의 요청이 있다고 해서 함부로 체포하거나 보호조치를 할 수는 없는 일이었다. 캄보디아 당국에 정신이상이 있다는 이유로 보호조치를 요청할 수는 있겠지만, 캄보디아 경찰은 법원의 구속영장이 없는 경우에는 함부로 외국인의 행동을 제약하지 않는다. 이 경우에 취할 수 있는 최선의 방법은 설득이었다.

다행히, A는 도망가지 않았다. 처음에는 돌아가지 않겠다고 했지만, 한국으로 가는 게 좋겠다고 설득하자 결국 순순히 가겠다고 약속했다. 내가 공항까지 동행했다. 비행기 출발 시각은 11시 이후였기 때문에, 시간을 때워야 했다. 저녁을 먹으며 이런 저런 얘기를 나누었다. 그는 일본 여자랑 결혼하는 바람에 일본으로 가게 되었고, 아이까지 있지만 이혼했다고 한다. 사업을 하던 중 돈이 필요해서 야쿠자가 운영하는 회사로부터 돈을 빌렸는데, 기한까지 갚지 못하게 되어, 허겁지겁 도망쳐 나왔다고 한다. 야쿠자는 돈 떼먹고 도망하는 사람은 끝까지 추적해서 죽이기 때문에 두렵다고 했다. 얘기를 하는 동안 A는 점점 심리적으로 불안정한 모습을 보이더니 강박증세가 나타나기 시작하는 듯 했다. 그는 어떤 특정 두려움의 대상으로부터 끊임없이 도망해 온 것 같았다. 그와 대화를 나누던 중 '주사바늘이 싫다'는 말과, '한국에 가면 정신병원에 입원하게 될 것이고, 주사를 맞게 될 것'이라고 중얼거리는 것을 들었다. 두려움의 대상이 주사바늘인지 야쿠자인지 알 수가 없었다.

공항까지 오기는 했지만, 아직도 도망할 여지가 남아 있었다. A의 어머니는 거의 한 시간 간격으로 끊임없이 전화해서 현재 상태를 물어 보고 있었다. 항공사 관계자에게 도움을 청했다. 별다른 강제 수단이 없는 상태에서 요청할 수 있는 건 '잘 감시해 달라, 무슨 일 있으면, 전화해 달라' 정도였다. 시간은 저녁 10시가 다 되었지만, 아직도 비행기 이륙시각까지는 한 시간 이상 남아 있었다. 하필이면 나의 공항 출입증 시효가 만료되어 공항 안으로 들어갈 수가 없었다. 어쩔 수 없이 항공사 관계자에게 A를 인계하고 '설마, 여기까지 왔는데, 도망하는 일은 없겠지….' 라고 스스로 위안하며 공항을 뒤로하고 집으로 돌아왔다.

일상적인 업무를 마친 기분으로 잠을 청하고 있는데 전화가 왔다.
"영사님, 죄송합니다." 12시가 조금 넘은 시각이었다.
"예? 무슨 말씀이신지…."
"아까, 그 사람 놓쳤습니다."
"예? 아니, 어쩌다가요?"
"탑승구 앞 대기석에 앉아 있는 것까지 보았는데…."

비행기가 출발할 때까지 절대 긴장을 늦추면 안 된다고 몇 차례나 강조했는데 보기 좋게 놓쳐 버린 것이다. A가 한국으로 돌아가기 싫다고 거부했다 치더라도 어쩔 수 없는 상황이기는 했다. A를 강제로 체포, 구금할 수 있는 법적 근거는 부족했기 때문이다. 한국 시각으로는 새벽 2시가 넘었을 시간이었지만, A의 어머니께 전화를 했다. 나는 종종 죽은 사람의 유가족에게 전화 연락을 해서 사망소식을 전하곤 한다. 그럴 때 어떻게 말을 꺼내야 할 지 난감할 때가 많았는데, 상황은 달라도 난감하기는 이번도 마찬가지였다.

"영사님, 그러기에 조심하라고 했잖아요. 어떻게 하면 좋아요. 아유~"

"아마도, 돈 떨어지면 다시 연락 올 것입니다. 그 때는 제가 바로 연락해 드릴 터이니, 어머니께서 캄보디아에 오셔서 직접 데리고 가시는 편이 낫겠습니다."

"그렇게 하죠, 영사님이 하라는 대로만 하겠습니다."

전화를 끊고 나서도 잠은 더 오지 않았다. 그가 했던 말들이 떠올랐다. '주사바늘이 싫어요.', '한국에 가면, 저는 죽습니다.'

아침에 전화가 왔다.

"영사님, 제가 혹시 몰라서 직원에게 말해 두었는데, A가 저희 사무실에 비행기표를 환불 받으러 왔다고 방금 전화 왔습니다."

"그래요? 무슨 말을 해서라도, 그 사람을 그 곳에 붙잡아 두십시오, 제가 곧 가겠습니다."

그 사무실까지 가는 길은 무척이나 멀게 느껴졌다. 차량이 많아진 프놈펜 도로는 무심하게도 대책 없는 교통정체에 빠져 들고 있었다. 기다리다가 눈치채고 또 도망가 버리는 것은 아닐까 하는 걱정에 더욱 조급해졌다. 아니나 다를까 사무실에 도착했을 때에 A는 없었다. 이미 떠난 지 오래란다. 주변에 A가 갈만한 곳을 찾아 보았지만, 소용이 없었다. 혹시 그런 사람을 보면, 연락해 달라며 인상착의를 설명해 주고 돌아설 수밖에 없었다. A의 어머니는 며칠이고 계속 국제전화를 해서 걱정을 했다. '아직 연락 없나요?', '차라리 제가 캄보디아에 가서 찾아보면 어떨까요?', '제가 도움을 청할 곳이 영사님밖에 없습니다. 좀 도와주세요.' 어린 애와 같은 정신연령을 가진 마흔 살 넘은 아들을 찾는 노모의 심정을 어찌 다 이해할 수 있으랴.

A의 어머니는 아들이 발견되면, 경찰이 붙잡아 두었다가 한국으로 보낼 수 있도록 힘을 써달라고 했다. 선진국 경찰이라면 정신감정을 기초로 보호가 필요하다는 판단이 서면, 보호감호를 할 수도 있겠지만, 캄보디아 경찰에게 기대할 수 있는 일은 아니었다. 캄보디아와 같은 나라에서는 이 같은 경우에 통상적으로 법원에서 발급한 구속영장을 필요로 한다. 보호감호와 같은 제도는 따로 있지 않다. 그러나 일단은 부모의 보호감호 요청서, 의사의 정신감정서를 준비하도록 안내했다.

이런 저런 서류를 구비하여 제출한 A의 어머니는 나의 만류에도 불구하고 도저히 그냥 기다리고만 있을 수 없다며, 직접 찾아 보겠다고 남동생분과 가이드를 대동하여 무작정 캄보디아로 날아 왔다. 나는 일단 캄보디아에 대한 설명을 해 주었다. 프놈펜이 어느 정도의 크기이고, 시엠립까지는 몇 시간이 걸리고…. 어머니는 설명을 들으면서 막막해 했다. 직접 찾아보려고 캄보디아까지 오기는 했지만, 뾰족한 방법이 없었던 것이다. 우선 A를 찾는다는 내용의 전단지를 만들라고 했다. 전단지를 곳곳에 나눠주고, 경찰에도 도움을 요청할 생각이었다.

그렇게 며칠이 지났다. 뜻밖의 전화가 왔다.
"영사님, 저 A입니다. 돈 좀 부쳐주실 수 있으신가요?"
"거기 어디인가요?"
"여기는 시아누크빌입니다."
일단 A를 안심시키고 돈을 부치겠다고 약속했다. 바로 A의 어머니에게 연락을 했고, 우여곡절 끝에 A의 어머니는 아들을 만날 수 있었다. 어머니가 뛸 듯이 기뻐한 것은 두 말할 나위도 없었다. 이제 비행기표를 구해 무사히 돌아가기만 하면 되는 것이다. 그래도 혹시 모르기 때문에, 아들을 잘 감시할 것을 신신 당부했다.

이튿날이었다. 어머니가 대사관에 찾아왔다.
"영사님, 아유, 어떻게 하면 좋아요. 또 도망갔어요!"
"네? 아니 어떻게요?"
아침밥을 먹고 화장실에 간다고 했는데 사라졌다고 한다. 어머니조차도 그를 붙잡아 둘 수는 없었던 것이다. 상황은 다시 원점이 되었다. 전단지를 돌리고, 캄보디아 경찰에 협조요청을 했다. 어머니는 아들을 찾아 이미 바벳까지 다녀왔다. 아들이 카지노에서 돈을 날렸다는 말을 듣고, 이제는 시엠립, 뽀이뻿으로 아들을 찾아 나서려 했다. 직접 찾으러 다닌다 한들, 찾을 수 있는 확률은 거의 없었지만, 어머니에게 확률 따위는 아무 의미도 없었다.

그렇게 며칠이 또 지났다. 반가운 전화가 왔다. 캄보디아 경찰이 한국사람을 하나 찾았는데, 맞는지 확인해 달라는 것이다. A가 맞았다. 어머니는 캄보디아 경찰에서 붙잡아 두었다가 공항까지 데려다 주기를 요청했다. 캄보디아 경찰은 난감해 했다. 예상대로 영장 없이 인신을 구속할 수 없다는 답이 돌아왔다. 사설 용역업체의 도움을 받는 방법 외에 더 확실한 방법은 없었다. A가 떠나는 날 밤은 다들 긴장했다. 어머니, 삼촌, 항공사 관계자까지…. 삼촌에게서 전화가 왔다.
"공항에 도착했습니다. 그 동안 고생이 많으셨습니다. 감사합니다."
"긴장을 늦추시면 안 됩니다. 지난 번에도 거기서 도망을 갔었습니다."
"네? 여기는 공항 안인데요?"
"한국처럼 생각하시면 안 됩니다. 비행기 좌석에 앉을 때까지 긴장을 늦추시면 안 됩니다."
"아, 네, 알겠습니다."

비행기 이륙시각까지 더 이상 전화가 오지 않기를 바라고 있었는데 이륙시각 1분전 전화벨이 울렸다. 가슴이 철렁 내려앉는 듯 했다.
"영사님, 비행기 안에 들어왔습니다. 이제 안심하셔도 되겠습니다."
웃음이 나왔다. 비행기 안에 들어와서 전화기 전원을 끄기 직전에 전화를 한 것이다. 고마웠다. A가 우여곡절 끝에 한국으로 다시 돌아가게 되어 다행이었다. 잠시 후, 전화가 또 왔다.
"영사님, 비행기 이륙했습니다. 비행기 안에 A가 분명히 타고 있는 거 확인하고 비행기 문 닫았습니다, 이번에는 분명합니다." 항공사 직원이었다. "하하하... 감사합니다. 수고 많으셨습니다. 정말 감사합니다."

그 후 A는 한국에서 그 아버지와 상봉을 하고 ○○정신건강병원에 입원했다 한다. 그는 유복한 가정에서 태어나 미국에서 유학을 마친, 장래가 촉망되는 젊은이였다고 한다. 일본에 있는 동안에도 책임감이 강하고 사회성이 좋아 한인회 총무를 맡기도 했다 한다. 그랬던 아들이 정신장애를 일으켜, 낯선 나라에서 행방불명이 되어 어떻게 될지 모르는 상황이 되었으니, 그 어머니의 마음은 찢어지는 듯했을 것이다. 상을 당한 친구에게는 위로의 말을 하는 사람보다 같은 심정으로 함께 통곡하는 사람이 더욱 진정한 친구라는 말이 있다. A의 어머니는 아들이 정신장애를 일으킨 후, 아들처럼 했던 말을 반복하고, 수시로 확인하는 정신장애를 앓게 되어 약물치료를 받고 있는 중이라 한다. 아들을 보호하기 위한 모정에서 비롯된 압박감의 연속을 어머니도 극복하기가 쉽지 않았던 것이리라….

자식을 키워봐야 부모 심정을 안다고 했던가? 연말인데 한국에 계신 부모님께 전화 안부라도 여쭈어야겠다. 추운 날씨에 건강은 어떠신지….

유서의 발견으로 사망 원인을 쉽게 확인할 수 있었지만, 사무실 수색은 계속되었다. 그리고 책상서랍에서 수 십장의 여권들이 발견되었다. 모두 캄보디아인의 여권들이었다. 지불각서도 함께 발견되었다. 한국으로 보내주지 못할 시에는 받은 금액을 돌려주겠다는 약속이 적혀 있었다. 망자가 캄보디아인들로부터 받은 금액은 적지 않았다. 아마 빚 독촉에 시달려 왔을 것이다.

경찰에 입문한 지 꽤 오래 되었지만, 이곳 캄보디아에서만큼 시신을 접한 경험이 많았던 적은 없었던 것 같다. 때때로 발생되는 교통사고, 자살, 심장마비와 약물오용까지….

캄보디아 경찰로부터 한국 사람이 자살했다는 연락을 받고 일단 현장으로 달려갔다. 사람들이 많이 모여 있었다. 이제는 금방 알아볼 만큼 낯익은, 성실한 캄보디아 감식반 친구들도 와 있었다. 내가 도착하여 건물 안으로 들어가자 많은 캄보디아 경찰들이 뒤를 따랐다.

현장은 어느 주택가의 작은 플랫하우스 2층이었다. 1층의 많은 책상, 걸상, 그리고 칠판에 적혀 있는 가, 나, 다, 라 글씨로 보아 한글 학원으로 이용되었던 것 같았다. 좁고 가파른 계단을 올라 2층의 사무실로 들어서니, 3층 창문으로부터 늘어뜨려진 밧줄에 목을 맨 남자가 눈에 띄었다. 밧줄을 3층 창문 틀에 단단히 묶고 2층으로 내려와 의자 위에서 목을 매달 때까지 그는 무슨 생각을 했을까? 몸에 다른 외상은 없었고, 책상 위에는 여러 장의 유서가 놓여 있었다. 놀랍게도 한 장은 내 앞으로 씌어져 있었다. 다른 한 장은 부인에게, 다른 한 장은 딸에게, 다른 한 장은 동생에게, 그리고 마지막 한 장은 지인들 앞으로 씌어져 있었다.

'존경하는 영사님! 이것이 이 못난 사람이 가는 마지막 길 같습니다. 꼭 집사람과 아이, 동생과 친구들에게 전달이 되면 너무나 좋겠습니다. 꼭 그렇게 되리라 믿습니다. 마지막 가는 사람의 소원입니다. 감사합니다'

내가 알고 있는 사람인가 애써 기억을 떠올려보았다. 며칠 전 전화로 상담을 했던 사람이었다. 얼굴은 모르지만, 이름을 보니 기억이 났다. 전화로 애기할 내용이 아니어서 추후에 다시 연락하기로 했었는데…. 나와 전화통화를 하기 전부터 자살을 할 생각이었던 것인지, 통화한 이후에 자살할 생각을 하게 된 것인지 모르겠지만 왠지 내가 좀더 성의껏 상담해 주었더라면 한 사람의 자살을 막을 수 있지 않았을까 하는 후회가 들었다.

유서의 발견으로 사망 원인을 쉽게 확인할 수 있었지만, 사무실 수색은 계속되었다. 그리고 책상서랍에서 수 십장의 여권들이 발견되었다. 모두 캄보디아인의 여권들이었다. 지불각서도 함께 발견되었다. 한국으로 보내주지 못할 시에는 받은 금액을 돌려주겠다는 약속이 적혀 있었다. 망자가 캄보디아인들로부터 받은 금액은 적지 않았다. 아마 빚 독촉에 시달려

왔을 것이다. 나는 일단 유서와 가족들에게 전달할 귀중품들을 챙겨가지고 나와서 우선 한인회 측에 연락하여 시신을 수습하고, 유가족과 연락을 취했다. 유가족은 캄보디아에 오지 않았다. 한인회 측에서 대신 장례를 치러 주었고, 화장한 유골만 한국의 유가족에게 보내졌다.

어찌 보면 유가족이 캄보디아에 오지 않은 것은 잘 한 일인지도 모르겠다. 이후 망자가 살던 집에는 수 십 명의 캄보디아인들이 찾아왔었다고 한다. 그들은 한국에 가서 돈을 벌 생각으로 망자에게 여권을 맡긴 사람들이었다. 나중에 그들은 우리 대사관에 진정서를 제출했다. 망자가 받아간 금액에 대한 해결을 요청하는 진정서였다. 수 십 명이 지장을 찍었고, 금액은 생각보다 많았다. 그들도 장밋빛 미래를 설계하고, 그 꿈을 이루기 위해 첫 발을 디뎠던 젊은이들이리라….

최근 캄보디아에 한류와 함께 한국 기업들이 대거 진출하면서 한국은 캄보디아인들에게 정서적으로 가까운 나라로 인식되고 있다. 그래서인지 한국어와 한국 문화를 배우려는 캄보디아 인들이 급속도로 늘고 있다. 프놈펜 시내에만 한국어 학원이 3곳이나 있는데, 모두 성업 중이라고 한다. 이들이 한국어를 배우는 가장 큰 이유는 현지에 진출한 한국 기업에 취직하거나(한국 기업의 임금은 현지 회사의 2~3배에 달한다고 한다), 한국으로 건너가 일자리를 구하기 위함이다. 출입국 외국인정책본부의 자료에 의하면 한국으로 건너와 취업하여 체류중인 캄보디아 근로자는 2007년 2천 여 명, 2008년 3천 5백여 명, 2009년 1분기에만 약 4,700여 명으로 해마다 그 수는 큰 폭으로 증가하고 있다. 과거 우리나라 사람들이 아

어느 외자기업의 정문 앞 풍경. 캄보디아는 20~30대 연령대가 가장 많다. 비록 베트남 등의 이웃나라 보다는 숙련공이 많지는 않지만 인력은 풍부하여 많은 외국인이 관심을 가지고 투자를 물색하고 있다.

메리칸 드림을 좇아 미국으로 건너갔던 것처럼 이들은 코리안 드림을 좇아 한국으로 건너오고 있는 것이다.

망자를 믿고, 미래를 맡겼던 캄보디아인들에게 '희망의 나라, 대한민국'의 이미지는 심하게 훼손되었을 것이다. 망자의 입장에서는 막다른 길에 서서 다른 방법을 찾을 수 없었기에 목숨을 버렸을 테지만 가족, 주변의 친지들, 또는 지인들과 좀 더 솔직한 대화를 나누고 도움을 받을 수는 없었던 것일까? 망자도 살고, 캄보디아인들의 피해도 보전해 줄 수 있는 방법은 없었던 것일까?

그가 딸에게 남긴 유언이 잊혀지지 않고 머릿속을 맴돈다.
"너무 보고 싶었다. 사랑해. 이제는 아빠를 잊어다오. 부탁이다. 행복하게 살아라." ©박형아

캄보디아의 젊은이들의 퇴근하는 모습. 미래를 위해 고생을 마다하지 않는 모습을 느낄 수 있다.

문화, 환경

우리나라의 결혼식은 성스럽고 엄숙한 분위기에서 진행되는 반면, 캄보디아의 전통 결혼식은 마치 파티처럼 떠들썩하다. 대형 스피커를 통해 들려오는 초대가수들의 노랫소리와 밴드의 연주소리로 옆 사람과의 대화도 힘들 정도다.

이런 결혼식 풍경은 이방인인 내 입장에선 너무 정신없고 혼란스러웠지만, 이곳 사람들은 진심으로 즐거워하고 있음을 느낄 수 있었다. 이렇게 결혼 문화는 달라도, 어느 나라든지 결혼을 하면 기뻐해주고, 축복해주는 마음은 똑같은 것 같다.

캄보디아에서는 잔치나 행사 때면 엄청난 크기의 스피커를 통해 들려오는 음악 소리로 온 동네가 둥둥 울리게 된다. 말이 좋아 음악이지 소음도 이런 소음이 없다. 그런데 이런 광경을 보고 항의하는 이웃들이 하나도 없다. 물론 나도 어쩌다 한 번이면 너그러운 마음으로 이해해줄 수 있다. 그러나 각 가정에서 생일, 결혼, 장례 등과 같은 행사마다 이런 고성방가(?)를 해댄다고 생각해보라.

사실 이방인 입장에서 보면 '배려'라고는 눈곱만큼도 없는 이러한 행사를 주최자 마음대로 할 수 있는 것은 아니다. 먼저 행사를 위해 동사무소에 신고해야 하고, 허가를 받은 경우에만 음악을 크게 틀어놓고 새벽부터 밤늦게까지 놀 수 있는 것이다. 행사 날 잔칫집 앞 · 뒤에는 항상 경찰이 있다. 경찰이 친히(?) 주차나 교통안내를 해주는 것이다. 애꿎은 이웃들은 이런 행사가 있을 때마다 조용한 집으로 피신을 가거나, 저녁을 밖에서 해결하고 들어오기도 한다. 특히 갓난 아기가 있다면 피난처를 미리 알아두어야 한다. 그만큼 견디기 힘든 소음이다. 그런데 캄보디아에 살다 보니 이제는 내게도 현지인 친구들이 생겨 가끔 경조사에 초대받곤 한다. 얼마 전에도 캄보디아 젊은이 한 명이 결혼을 한다며 인사차 나를 찾아왔다. 나는 기쁜 마음으로 가겠다고 약속했다. 참석해서 축하해 주고 싶은 마음만큼이나 캄보디아의 결혼식은 어떠한지 궁금하기도 했다.

캄보디아에서도 최근 연애결혼이 급속히 증가하고는 있으나, 아직까지는 대부분 부모가 정해준 정혼자와 결혼하는 것이 보통이다. 대개 18~19세가 되면 처녀 쪽 어머니는 사윗감을 찾기 시작하는 데, 만약 이 처녀를 맘에 둔 총각이 있다면 예비 장모에게 지원하면 된다. 사윗감으로 적당하다 판단되면 결혼날짜를 잡는데, 이때 신랑 어머니보다는 신부의 어머니의 결정권이 크다. 결혼이 결정되면 남자는 결혼식 비용과 결혼 생활에 필요한 지참금을 마련해야 한다. 지참금은 도시와 농촌, 사회적 지위 및 빈부의 차이에 따라 편차가 심하지만, 대략 $300~5,000달러를 준비한다고 한다. 캄보디아의 공무원 급여가 한 달에 $30~50라는 점을 감안하면 이는 매우 큰 액수이다.

우리나라에서는 따뜻한 봄, 그리고 서늘한 가을이 결혼 시즌이듯이 캄보디아에서는 건기에 해당하는 12월~5월에 대부분의 결혼식이 행해진다. 우리나라의 예식장에서 1~2시간 만에 번갯불에 콩 볶아 먹듯 치러지는 예식과는 달리, 캄보디아의 전통 결혼식은 2~3일에 걸쳐서 진행된다.

첫 날은 신랑측 친척들이 음식을 준비해서 신부측 동네 어르신께 인사를 드리러 간다. 그 다음 신부측 집안 어른들께 인사를 드리러 가는데, 이 때 집안 어른들은 신랑 · 신부에게 '둘이 바나나를 먹을 수 없을 때까지 사랑하라'는 덕담을 해준다. 바나나는 부드럽기 때문에 이가 없어도 먹을 수 있다. 즉, 죽을 때까지 사랑하라는 의미인 것이다. 캄보디아에서 바나나는 다산과 풍요의 상징이다. 척박한 땅 에서도 잘 자라고, 심은 지 6개월이 지나면 실로 엄청난 양의 열매가 주렁주렁 열리기 때문이다. 신랑 신부는 결혼식 날 밤에 바나나를 까서 나눠먹는데, 이는 자식을 많이 낳고 부자가 되길 기원하는 의미라고 한다.

둘째 날에는 전통 혼례를 치른다. 결혼식장 입구의 한쪽은 노란 바나나를 또 다른 한쪽은 푸른 바나나를 걸어둔다. 결혼식의 가장 큰 볼거리는 역시 신랑 신부의 예복 갈아입기가 아닐까 싶다. 신랑, 신부는 결혼식을 마치기까지 보통 3~4벌, 많게는 7~10벌까지 예복을 갈아입는데, 그 화려함과 아름다움에 압도당하게 된다. 예복 마련 비용이 전체 결혼식 비용에서 차지하는 비중이 꽤 클 듯 하다.

보통은 승려가 주례를 보는데 주례선생님의 주례가 끝나면 붉은 실로 신랑과 신부의 손목을 함께 묶는다. 이제부터 둘은 하나임을 의미한다. 신랑과 신부가 신방에 도착하면 신부는 신랑의 발을 씻겨주거나 씻겨주는 시늉을 한다. 마지막으로 신랑은 신부의 엉덩이에 매달려 있는 긴

① 신랑, 신부가 신부측 부모에게 인사하는 장면

② 신랑, 신부를 축하해주기 위해 우리 가족과의 기념촬영. 제일 오른쪽이 필자(조성규)이다.

③ 결혼식을 마치고 식장 앞에서 기념촬영을 하고 있다.

④ 결혼식장의 캄보디아 전통 음식

천을 잡고 신방으로 들어가는데, 이는 캄보디아의 건국신화에서 인도 왕자가 뱀의 꼬리를 잡고 신방에 들어가는 장면을 재현하는 것이라고 한다.

셋째 날은 하객들을 모시고 피로연을 한다. 부잣집에서는 큰 식당을 빌려 술과 음식 등을 대접하지만, 대개의 사람들은 집 앞 도로에 천막을 치고 피로연을 한다. 집과 도로가 좁으면 다른 집 앞의 도로를 빌려 피로연을 치른다. 피로연이 다음날까지 이어지기도 한다.

필자의 경우 처음 결혼식에 초대받는 것이라 축의금은 얼마가 적당한지, 무엇을 준비해야 되는지 전혀 몰라 이곳에 정착한지 오래된 선교사들께 물어보았다. 축의금은 초대장 봉투에 넣어 식장에 마련된 상자에 넣으면 되고, 복장은 특별한 제한 없이 깔끔하게 입으면 된다고 하였다. 많은 주변 사람들의 이야기를 듣고 기대감과 함께 결혼식에 갔지만 솔직히 내게는 별로 즐겁지 않았고, 음식도 입맛에 잘 맞지 않았다. 어쩔 수 없는 이방인인 것이었다.

캄보디아에서 결혼식에 초대받아 참석하게 된다면 초대장에 명시된 시간보다는 한 두 시간 늦게 가는 것이 좋다는 조언(?)을 해 주고 싶다. 앞서 말한 것과 같이 캄보디아의 결혼식은 그 시간이 매우 길어 전부 보려면 상당한 인내가 필요하기 때문이다. 더구나 음식이 우리 입맛에는 맞지 않고, 냉장시설이 제대로 갖춰져 있지 않아 얼음과 햄 종류의 음식들은 배탈의 염려가 있어 주의를 필요로 한다.

또한 축의금 접수대에는 두 개의 상자만 아무런 표식이 없이 있으므로 신랑 측 상자인지, 신부 측 상자인지 정확하게 확인한 후 축의금 봉투를 넣도록 한다.

①	① 축하객들이 식을 시작하기 전에 선물을 준비하여 식장으로 들어가기 전의 모습이다.
②	② 부모가 신랑과 신부를 축복해 주는 모습이다.

특이한 점은 우리나라의 결혼식은 성스럽고 엄숙한 분위기에서 진행되는 반면, 캄보디아의 전통 결혼식은 마치 파티처럼 떠들썩하다. 대형 스피커를 통해 들려오는 초대가수들의 노랫소리와 밴드의 연주소리로 옆 사람과의 대화도 힘들 정도다.

이런 결혼식 풍경은 이방인인 내 입장에선 너무 정신없고 혼란스러웠지만, 이곳 사람들은 진심으로 즐거워하고 있음을 느낄 수 있었다. 이렇게 결혼 문화는 달라도, 어느 나라든지 결혼을 하면 기뻐해주고, 축복해주는 마음은 똑같은 것 같다.

하지만 이렇게 호화로운 결혼식과 주변 사람들의 축복이 무색하게도 캄보디아의 이혼율과 재혼율은 매우 높은 편이고, 그나마 갈수록 증가하고 있다. 처음부터 애정없이 이뤄지는 중매결혼이라는 것이 가장 큰 이유겠지만, 캄보디아 남성들의 외도도 큰 몫을 차지한다고 한다. 캄보디아는 왜곡된 모계중심의 사회로 여성이 가족을 부양하는 경우가 많은데, 그 동안 남편은 일 없이 놀다가 다른 여자를 만나 마음에 들면 아내와 자녀들을 남겨둔 채 떠나버리기도 한다. 캄보디아에서는 이혼이 그다지 큰 흉이 되지 않아, 재혼 이상의 혼인을 하는 경우가 흔하다. 단, 여자는 언제든 이혼을 청구할 수 있으나 남성은 그럴 수 없다고 한다. 이는 법으로 규정된 것은 아니지만 지금까지도 관례로 지켜져 오고 있다. ©조성규

신랑이 신부를 따라서 쫓아가며 행복을 바라는 관습 중의 하나이다.

KONG SAFARI
CAMBODIA

꼬꽁 동물원의 모습. 다양한 꼬꽁 동물원의 쇼 중 제일은 악어와 호흡을 맞추는 조련사의 묘기이다.

신랑(?)이 말했다.

"잠자리를 거부하는데, 어떻게 같이 삽니까?"

그러자 또 다른 사람이

"처녀가 첫 잠자리를 두려워하는 건 당연한 거 아닌가?"

라고 하자 결혼업자가 이어서 말했다.

"이 아저씨가 그 처녀를 얼마나 괴롭혔는지 모릅니다. 그 처녀는 다음날 병원에 가야 할 정도였습니다. 캄보디아 사람들 앞에서 얼굴을 못 들겠습니다."

최근 최근 10명 중 6명의 대학생이 우리 나라는 더 이상 단일 민족 국가가 아니라고 생각한다는 조사 결과를 들었다. 그만큼 우리 나라에 국제결혼을 통해 다문화 가정을 이루는 커플들이 늘고 있다는 뜻이다.

　실제 2007년 국제결혼 비율이 전체 결혼의 11.1%에 이르고, 이들을 지원하는 다문화가족지원센터도 현재 80여 개에서 130여 개로 늘어난다고 하니 그 생각도 틀리지 않은 듯 하다. 그 중 이곳 캄보디아 여성들과 한국인 남성들의 혼인율도 매해 증가하고 있다. 불과 5년 전인 2003

년 19쌍에서 2008년에는 659커플이 탄생하였는데, 이는 중국, 베트남, 필리핀, 일본에 이어 5위에 해당하는 수치라고 한다.

국제 결혼을 하게 되기까지 사연들이야 제각각 이겠지만, 어쨌든 가정을 이룬 후 언어와 문화적 차이 등 어려움을 극복하고 행복하게 잘 사는 커플들이 많다고 하니 참 다행스럽다.

그러나 최근 국제 결혼과 관련하여 듣기 거북한 소식들도 종종 들려온다. 금전적인 목적으로 위장 결혼한 외국 여성들로 인해 고통 받는 한국 남성들의 이야기, 국제결혼중개업체의 외국 여성들에 대한 상업적, 인권침해적인 광고와 여성의 상품화, 다문화 가정에 대한 사회적 편견에 따른 차별 어린 시선 등….

그 중 가장 부끄러운 일은 외국 여성과 결혼한 일부 한국 남성들의 추태로 인해 국제 사회에서 '어글리 코리언'으로 낙인 찍히고 있다는 것이다. 외국 여성을 상품처럼 돈으로 사서, 소유물이라도 되는 양 그들의 인격을 모욕하는 언행을 서슴지 않는 짐승만도 못한 남성들이 바로 그들이다.

얼마 전 대사관 1층 로비에서 생긴 일이다. 국제결혼을 하러 캄보디아로 온 60세 가까이 된 한국 남성이 결혼업자로부터 살인 협박을 받았으니 보호해달라고 요청하였다. 결혼업자는 죽이겠다는 협박은 절대로 하지 않았다고 강력히 항변했다. 누구 말이 맞는지는 알 수 없었지만, 사람을 죽일 정도의 사안은 아닌 것이 분명해 보여, 대사관 자체 인력과 경비로 신변보호를 해 줄 수 없으니 캄보디아 경찰에 의뢰할 것을 제안하였다. 그

러자 그는 많은 사람들이 다 듣기를 바란다는 듯이 큰 소리로
"아니, 대사관에서 자국민을 보호해 주지 못한다는 게 말이 됩니까? 자국민이 대사관 문 밖에서 죽어도 상관 없단 말입니까?"
라고 소리쳤다. 그 소리에 놀란 사람들이 하나 둘 모여들기 시작했다.
나는 그가 하고 싶은 말을 다 할 때까지 기다렸다가 그의 말이 끝난 후 결혼정보업자에게 할 말이 있느냐고 물었다. 그러자 업자는 사람들 앞에 어떤 사진첩을 내보였다. 그 사진첩에는 결혼식 사진들이 있었는데, 주인공은 한 앳된 모습의 캄보디아 처녀와 지금 내 앞에서 거세게 항의하고 있는 남자였다.

결혼업자가 말했다.
"이 아저씨가 굳이 20살 먹은 어린 처녀랑 결혼을 해야겠다고 하는 바람에, 이 아가씨를 소개하여 부모님 앞에서 결혼식까지 치렀는데, 하룻밤을 지내고 나더니 결혼을 못하겠다며 다른 여자를 소개시켜 달라고 합니다. 이게 말이 됩니까?"
모여있던 사람들은
"결혼식까지 하고 하룻밤 지냈으면 책임져야 하는 거 아냐?"
하면서 웅성이기 시작했다.
그러자 신랑(?)이 말했다.
"잠자리를 거부하는데, 어떻게 같이 삽니까?"
또 다른 사람이
"처녀가 첫 잠자리를 두려워하는 건 당연한 거 아닌가?"
라고 맞받아쳤다. 결혼업자가 이어서 말했다.

캄보디아의 신랑, 신부와 곁에 들러리의 모습. 이제 새로운 미래를 꿈꾸는 모습은 어느 나라나 똑같다.

"이 아저씨가 그 처녀를 얼마나 괴롭혔는지 모릅니다. 그 처녀는 다음 날 병원에 가야 할 정도였습니다. 캄보디아 사람들 앞에서 얼굴을 못 들겠습니다."

순간 필자까지 얼굴이 화끈 달아올랐다. 모여있던 사람들도 잠시 당황한 기색이 역력하더니 하나 둘씩 뻔뻔한 신랑(?)을 비난하기 시작했다.
그 중 한 분이
"여보쇼, 당신이 잘못해놓고 여기가 어디라고 아침부터 와서 큰 소리 치는 거요? 쓸데 없는 소리 말고 나가세요!"
라고 호통을 쳤다.

그 분 덕분에 사건은 거기서 일단락 되었지만, 지금도 어딘가에서 일부 사람들의 이런 수치스러운 행동에 의해 오랫동안 쌓아온 한국과 한국인의 좋은 이미지가 벌레 먹은 듯 야금야금 깎이고 있다고 생각하니 안타깝고 씁쓸한 마음을 금할 수 없다. 일부 사람들의 만행으로 인해 이 곳 캄보디아를 터전으로 여기며 살아가고 있는 우리 교민들까지도 오해를 받고 행동에 커다란 제약을 받게 된다는 사실을 그들은 알고 있을지….
©박형아

①
②

① 결혼식장 앞의 하객들 모습. 각자 예물을 들고 있는 모습이 이채롭다.
② 결혼식장의 양가 친인척들이 모여 앉아 예식을 진행하고 있다.

CPA

캄보디아의 자연환경. 캄보디아 외곽지역에는 광활한 땅과 소박한 사람들이 있다.

왜 캄보디아의 새해는 4월 중순에 시작되는 걸까? 정확한 이유는 알 수 없지만 추측해보자면 캄보디아를 포함한 인도차이나반도 국가들의 기후 · 문화적인 특징과 관계가 깊은 듯 하다. 태국, 미안마, 라오스와 캄보디아에 있어서 양력 4월 15일경은 일년 중 가장 더운 기간이자 건기에서 우기로 넘어가는 시기이다. 그래서 이 무덥고 일하기 어려운 시기를 새해로 삼아 연휴를 두고 쉬는 지혜를 발휘한 게 아닐까?

우리 나라에서는 양력 1월 1일 '신정'과 음력 1월 1일 '설날', 이렇게 두 번 새해를 맞이한다. 그러나 태국, 미얀마, 라오스, 캄보디아에서는 한 해에 새해를 세 번 맞이한다. 설날이 세 번 있는 셈이다. 첫 번째는 세계적인 새해인 양력 1월 1일, 두 번째는 우리나라의 '설날'이자 캄보디아 사람들이 '중국설' 이라 부르는 음력 1월 1일, 마지막으로 진짜 캄보디아의 새해인 4월 중순경의 '쫄치남'이다. '쫄'은 '들어가다'의 의미이고, '치남'은 '해, 년도'를 뜻한다.

어느 나라든지 새해를 맞이하면 떨어져 사는 가족들을 만나러 가는 풍습은 비슷한 것 같다. '쫄치남'에는 대부분의 상점들이 문을 닫고, 수많은

캄보디아의 전통 새해인 '쫄치남'을 위해 각자 고향으로 가는 모습. 모두가 설빔으로 옷을 입고 즐거운 모습이다.

사람들이 가족을 만나러 귀성길에 오른다. 온 가족이 함께, 손에는 선물 보따리를 들고 들뜬 표정으로 집 앞을 나서는 모습은 우리의 설날 풍경과 별반 다를 게 없다. 또한 우리나라에서 새해에 만나는 사람들마다 "새해 복 많이 받으세요."라고 인사하듯이, 캄보디아에서는 새해에 "수스데이 츠남 트마이(새해 복 많이 받으세요)."라고 말한다.

캄보디아의 귀성 풍경 중 인상적인 것이 바로 '귀성 차량'이다. 대체로 '란토리'라 불리는 승합차를 이용하는데, 원래 최대 15인승인 차에 20명 이상이 타는 것은 기본이고 그들 각자의 짐도 한 가득 실은 뒤 그 짐 위에 또 사람이 올라탄다. 정말이지 서커스가 따로 없다. 보는 것 만으로도 아찔하고 위험해 보인다. 캄보디아는 승용차를 소유한 사람도 많지 않은데다, 탑승 인원에 대한 제약이 없어서 이러한 일이 가능하다고 한다. 그만큼 사고도 많이 발생하며, 한 번 사고가 나면 인명 피해도 크다.

또 한 가지 '쫄치남'에 인상적인 것은 이 기간에는 지나가는 사람이나 오토바이, 자동차 등에 예고도 없이 물을 뿌린다는 것이다. 갑자기 물벼락을 맞으면 놀라기도 하고 화가 날 법도 한데, 캄보디아 사람들은 전혀 화를 내지 않는다. 오히려 이를 즐기면서 함께 물을 뿌리며 반격을 하기도 한다. 캄보디아에서 물을 뿌리는 것은 사악한 기운을 물리치고 복을 많이 받으라는 의미이기 때문이다. 그래서 이 기간에는 물총 판매량이 급증한다고 한다.

그런데 왜 태국과 캄보디아의 새해는 4월 중순에 시작되는 걸까? 왜 새

캄보디아의 전통 새해인 '쫄치남'을 즐기는 이날 만큼은 물벼락을 맞아도 즐겁다. 왜냐하면 사악한 기운을 씻어내고 복을 많이 받으라는 의미이기 때문이다.

해를 세 번씩이나 치르는 것일까? 정확한 이유는 알 수 없지만 추측해보자면 캄보디아를 포함한 인도차이나반도 국가들의 기후 · 문화적인 특징과 관계가 깊은 듯 하다. 태국, 미얀마, 라오스와 캄보디아에 있어서 양력 4월 15일경은 일년 중 가장 더운 기간이자 건기에서 우기로 넘어가는 시기이다. 그래서 이 무덥고 일하기 어려운 시기를 새해로 삼아 연휴를 두고 쉬는 지혜를 발휘한 것이 아닐까?

그 외에 양력설의 경우 역사적 배경과 관계 있는 듯 한데, 인도차이나의 여러 국가들은 오랜 세월 프랑스의 지배를 받아, 세계적인 새해인 양력 1월 1일도 새해로 받아들이게 된 것 같다.

음력설의 경우, 캄보디아에 주요 상권을 쥐고 있는 중국계 캄보디아인들이 많은 까닭인 듯하다. 실제 이 곳에서 장사를 하는 사람들 중 상당수가 중국계이거나 캄보디아인과 결혼한 중국 사람들인 경우가 많다. 그들이 음력설에 대부분 영업을 하지 않자 결국 무언중에 음력설도 휴일이 되어버린 것 같다. 그러니 쫄치남 기간 동안 갈 곳 없어 집에서 보내야 하는 이들은 미리 장을 봐 두는 센스를 발휘해야 할 것이다. ©조성규

① ②
③ ④

① 고향가는 길의 휴게소에서 식사를 해결하는 모습

② 나의 자동차 창문에도 물이 튀었다.

③ 귀성행렬

④ 휴게소의 모습

위기의 순간이면 근사한 로봇으로 변신하여 나만을 지켜주는 자동차 '트랜스포머'의 얘기가 아니다. 캄보디아의 우기는 평범한 승용차를 둥둥 떠다니는 배나 잠수함으로 만들어 버린다. 방법은 하나, 우기에 장대비가 쏟아지는 날이면 그저 집 안에서 꼼짝하지 않는 것이다.

요새 캄보디아 날씨가 참 변덕스럽다. 원래 캄보디아 우기철의 매력은 한 번 비가 오면 장대비를 시원하게 퍼붓고 깔끔하게 그친다는 것이었다. 그러나 요즘은 장대비가 시원하게 쏟아진 후 깔끔하지 못하게 가랑비가 계속 이어진다.

한번씩 퍼붓는 장대비의 양은 실로 엄청나다. 이 엄청난 양의 빗물을 다 수용하기에는 도로의 하수시설이 열악하다. 그러다 보니 도로에 물이 무릎까지 차올라 오는 경우가 허다하다.

그래서 사람들은 장대비가 내리기 시작하면 대부분 집안에서 꼼짝하지 않는다. 약속은 취소되게 마련이다. 섣불리 움직였다가는 물살에 휩쓸려 큰 봉변을 당할 수 있기 때문에 어쩔 수 없다. 피치 못할 사정으로 밖에 나와 있던 사람들은 근처 건물의 처마 밑에 들어가 하염없이 비가 그치기를 기다린다. 신나는 건 어린 아이들뿐이다. 어린 아이들은 그런 와

중에도 물장난을 치며 논다. 도로에는 오토바이를 '끌고' 가는 사람들을 심심치 않게 볼 수 있다. 갑자기 퍼붓는 비 때문에 도로가 침수되어 오토바이가 물에 잠기면서 시동이 꺼졌기 때문이다. 도로 위에 죽은 듯이 멈춰있는 자동차들도 있는데 주로 차체가 낮은 승용차들이다. 마찬가지로 차량이 노후 되거나 상태가 좋지 않아 엔진으로 물이 스며들어 시동이 꺼졌기 때문이다. 상황이 이렇게 되면 도로는 완전히 기능을 상실하고 만다. 그러므로 이러한 상습 침수지역은 알아서 피해 다니는 것이 상책이다. 상습 침수 지역으로는 올림픽 경기장, 벙껭콩, 뚤뚬붕 시장 주변 등이다. 공항 도로도 예외는 아니다.

필자 역시 장대비가 내리던 날 렌트한 차를 몰고 가던 중에 시동이 꺼진 적이 있었다. 나름대로 요리조리 피해 간다고 노력하였지만 역부족이었다. 도로에 찬 물을 보고 차를 돌리는 순간 그만 시동이 꺼져버렸다. 뒷좌석에 있는 겁먹은 아이들을 잘 달랜 후, 바지를 걷어 올리고 차에서 내렸는데 그야말로 물 천지였다. 아무리 해도 차의 시동이 켜지지 않아 자동차 수리 센터에 전화를 했다.

20분 정도가 지나서 직원이 도착했다. 배터리를 교체하고 시동을 걸어 보았지만 여전히 안되었다. 다른 원인을 찾아보니 엔진오일이 한 방울도 남아 있지 않았다. 결국 다른 차가 와서 내 차를 견인해 가고 우리는 가깝게 지내는 선교사의 도움을 받아 간신히 집으로 돌아 갈 수 있었다.

이 일을 겪고 나니 일단은 차체가 높아야겠다는 생각이 들었다. 아무리 상습 침수지역을 잘 안다고 해도 비가 갑자기 오기 시작하면 순식간에

걷잡을 수 없기 때문이다. 침수된 도로에 갇힌 약 30여 분 동안 렌트한 내 차는 그야말로 둥둥 떠다니는 배가 되기도 했고, 바닥으로 물이 들어와 잠수함이 되기도 했다. 렌트카였기 때문에 피해에 대한 보상은 고스란히 내 몫이었다. 엔진에 전기 장치까지 교환해줘야 했다. 내 차였다면 좀 덜 아까웠을텐데….

일주일 후에 수리한 차는 정말 근사하게 변신해서 도착했다. 싱글싱글 웃으며 다가오는 렌트 업자가 나에게 하는 말이 차가 필요하면 언제든지 이야기하란다. 맙소사! ©조성규

폭우가 쏟아지는 우기철의 모습. 도로에 자동차와 오토바이들이 반쯤 잠겨 운행하고 있다.

외식이 일상적인 캄보디아. 빵과 면류가 발달된 이 곳에서 특히 인상적인 메뉴가 있다. 맛과 가격이 즐거운 '꾸이띠유'. 독특한 향신료 '찌'가 싫다면 주문할 때 확실히 얘기하자. "꼼딱찌!"

캄보디아에 관한 많은 이야깃거리 중 이번에는 이곳의 먹거리에 대한 이야기를 해볼까 한다. 캄보디아를 비롯한 주변국의 식생활 문화를 보면 공통점이 많은데, 그 중 하나가 집안에서 음식을 만드는 경우가 그리 많지 않다는 것이다. 대부분은 외식을 한다. 하지만 우리가 상상하는 '외식'과는 거리가 있다. 우리나라는 평소에 가정에서 음식을 만들어 먹고, 휴일이나 기념일, 약속이 있는 날 등 특별한 이유가 있을 때 평소에 잘 먹지 못하던 음식을 특별한 장소에서 사 먹는 것을 '외식'이라고 생각한다. 하지만 이곳의 외식은 그저 가정에서 만들어 먹을 음식을 식당이나 노점에서 사 먹거나, 지나가는 행상에게 음식을 사서 집으로 갖고 와 먹는 것을 말한다. 특별함 같은 것은 찾아볼 수 없다.

이렇게 외식을 선호하는 가장 큰 이유는 기후 탓이 아닐까 싶다. 냉방, 냉장 시설이 제대로 갖춰지지 않아 가정에서 가열하는 요리를 만들기 힘들

캄보디아 사람들이 즐겨먹는 꾸이띠오. 요즘에는 한국에서도 즐길수 있는 캄보디아 전통음식 쌀국수이다. 주로 아침식사로 많이 먹는다.

고, 만든다 하더라도 쉽게 부패한다. 가장 현실적인 이유는 가정에서 직접 요리를 하는 것 보다 밖에서 사 먹는 것이 더 싸기 때문이다. 얼마 전까지 각 가정에 가스 공급이 제대로 되지 않았던 것도 외식을 선호하게 된 이유 중 하나였으나 최근에 가스가 공급되면서 음식을 만들어 먹는 가정이 늘고 있다고 한다.

캄보디아에는 음식 문화가 그다지 발달하지 못했다. 오랜 전쟁과 가난으로 인해 UN의 원조를 받은 것도 한 원인이 된다. 딱히 캄보디아의 전통음식이라고 할 만한 것은 거의 없고, 향신료를 조금 덜 사용한 태국 음식이나 중국식 볶음 요리와 비슷하다. 인도차이나반도의 대부분 국가가 그러하듯이 프랑스의 식민지였던 캄보디아도 바게뜨 빵 만드는 기술은 수준급이다. 그 맛 또한 프랑스에서 먹는 것과 거의 비슷하다고 한다. 주식은 우리와 마찬가지로 쌀밥인데, 밥만큼이나 면류도 많이 먹는다. 그만큼 면류가 발달해 있다. 특히 현지인들은 아침에 간단하게 쌀국수 한 그릇으로 해결하는 경우가 많은데, 그 중 '꾸이띠유'라는 흰 쌀국수는 저렴하면서도 맛이 매우 좋아 필자도 종종 먹곤 한다.

오늘도 필자는 이들처럼 아침 식사대용으로 '꾸이띠유'를 사 먹으러 갔다. 워낙 면 종류를 좋아해서 한국에서도 면을 많이 먹는 편이었는데, 여기 와서도 변하지 않았다. 같이 동행한 이들 중 한 사람은 가끔 빨간 고추가 들어간 얼큰한 맛이 그리울 때 꾸이띠유를 먹는다고 한다. 필자 역시 그 '끌리는 맛'에 반해 거의 일주일에 2~3번은 먹는 것 같다. 누군가는 그 '끌리는 맛'의 비결이 캄보디아만의 독특한 향신료 '찌'에 있다고 한

①
②

① ABC베이커리의 외부모습
② 개구리, 새우, 게를 바삭하게 튀겨 간식거리로 즐겨 먹는다.

다. 하지만 익숙지 않은 독한 풀 냄새와 코 끝이 찡해지는 '찌'가 싫다면 주저 없이 "꼼딱찌!"(찌를 넣지 마세요!)"라고 하자.

한국 사람들이 잘 가는 '꾸이띠유' 식당이 몇 군데 있다. 호텔의 식당이나 '모니봉' 도로 근처의 식당들, 그리고 화학 조미료를 넣지 않는다는 'H식당' 등이 대표적이다. 그곳에 가면 가끔 한국 분들을 만나게 된다. 그러면 앉은 자리가 자연스럽게 만남의 장소가 되기도 한다. 부담 없는 가격에 맛있는 아침 식사를 함께 즐기면서 좋은 교제를 할 수도 있다. 자주는 아니지만 동네 근처 좌판에 가서 꾸이띠유를 사 먹기도 한다. 맛도 훌륭하고, 일반 식당 가격의 1/4이라 분위기나 청결한 위생 상태까지 기대하지 않는다면 마음이 즐거워진다. ⓒ조성규

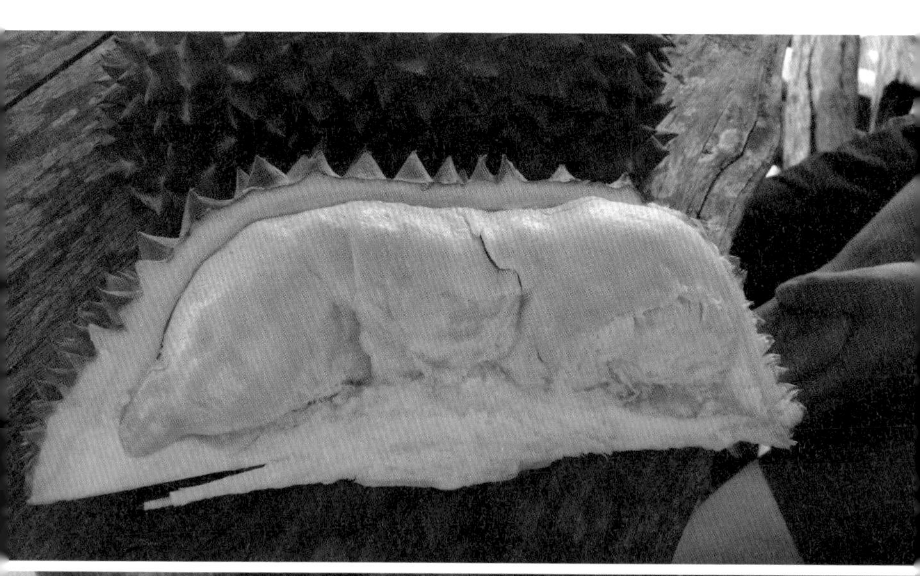

①
②

① 과일의 '왕'이라 불리우는 두리안은 3번 정도 구린 냄새를 참고 먹으면 그 맛에 끌리지 않을 수 없다.
② 과일의 '여왕'이라 불리우는 망고스틴은 마늘쪽 모양과 닮았고 그 맛이 달콤하다.

캄보디아는 절대적으로 인구밀도가 낮은 편이다. 그러므로 캄보디아에서는 부족한 인구로 넓은 땅을 제대로 활용하기 위해 인구를 늘리고 관리하는 것이 무엇보다 중요하다. 이때 인구조사는 꼭 필요하면서도 중요한 일이다.

2008년 3월이었다. 집주인이 어떤 서류를 가지고 찾아왔다. 거주자의 신상과 직업 및 가족 수 등을 확인하는 것이라고 했다. 즉, 우리나라로 치면 5년에 한 번씩 시행하는 '인구주택총조사'와 같은 것으로 캄보디아에서는 10년에 한 번 시행한다.

'총조사'는 영어 'census'의 우리말로 국가가 주관이 되어 통일된 기준에 따라 조사 대상의 총수와 그 개별적 특성을 일일이 조사하는 전국적 규모의 통계조사라고 정의되어있다. 다시 말해 한 나라 안의 모든 사람과 주택의 규모 및 특성을 파악하여 나라 살림 설계에 활용하는 국가기본통계조사이다.

우리나라에서는 조사원이 직접 방문하는 면접조사 외에도 인터넷조사, 우편조사, 전화조사를 실시하고 있지만, 캄보디아에서는 현재 면접조사만 이루어진다. 내가 서류를 받자 집주인은 우리 집 대문에 하얀 스

이방인에 대한 호기심으로 가득찬 천진난만한 캄보디아의 아이들

티커를 붙였다. '인구조사를 마친 집'이라는 의미인 것 같았다. 서류를 받아보니 이 인구조사의 시행은 캄보디아 정부가 하는 것이지만, UN의 권고 하에 일본, 프랑스가 협력하여 조사하는 것임을 알 수 있었다. 서류상의 조사 항목으로는 인구의 수와 출산, 교육, 직업, 가구당 차량 수, 휴대전화 및 유선전화 보유 개수 등 여러 가지가 있었다.

2008년도 조사에 따르면 캄보디아의 출산율은 3.08명으로, 저출산 국가로 유명해진 우리나라의 출산율 1.2명에 비하면 높은 편에 속한다. 그러나 의료 · 보건시설이 미흡하여 유아사망률(한 해 동안 출생한 유아 천명당 사망 수)도 매우 높다. 우리나라의 경우 5.94명, 캄보디아는 56.59명으로 무려 열 배 가까이 이른다.

캄보디아의 교육제도는 우리와 같이 초등학교 6년, 중 · 고등학교 각각 3년으로 총 12년제이고, 의무교육은 중학교까지 9년으로 규정하고 있다. 그러나 2008년도 캄보디아 인구조사에 따르면 초등학교 취학률은 93.3%(수료율은 약 53%), 중학교 취학률은 34.8%, 고등학교 취학률은 약 10%로, 초 · 중 · 고등학교 전 교육과정의 취학률이 99%이상인 우리나라와 비교해보면 매우 낮은 편이다. 또한 식자율(문자해독율)도 73.6%로, 인근 인도차이나반도 국가들 대부분이 90%가 넘는 것을 감안하면 낮은 편이다. 우리나라 남한의 면적보다

1.8배 넓은 캄보디아의 총 인구는 약 1,340만 명으로, 우리나라의 총 인구 약 4,700만 명의 3분의 1도 채 되지 않는다. 단위면적(1㎢)당으로 치면 우리나라의 인구밀도가 캄보디아의 6.3배에 이르는 셈이다. 우리나라가 워낙 인구밀도가 높은 편이긴 하지만 캄보디아는 절대적으로 인구밀도가 낮은 편이다. 그러므로 캄보디아에서는 부족한 인구로 넓은 땅을 제대로 활용하기 위해 인구를 늘리고 관리하는 것이 무엇보다 중요하다. 희망적인 사실은 캄보디아 국민의 평균 연령이 21.3세로, 실제 노동 가능한 청년층 인구가 많다는 점이다. 국민의 평균 연령이 35.6세에, 브레이크가 고장난 자동차가 언덕길 내려가듯 고령화 사회로 치달리고 있는 우리나라의 현실과 비교하면 상당히 고무적일 수도 있다.

인구조사의 역사가 긴 선진국일수록 인구조사가 국가발전과 복지실현에 이바지 한 정도를 파악하기 쉽다고 한다. 국민들은 인구조사에 성의껏 응하고, 정부는 조사 결과를 바탕으로 좀 더 적극적으로 필요한 국가 정책 수립에 힘쓴다면, 비록 시작은 늦더라도 언젠가는 캄보디아도 선진국의 반열에 오를 날이 오지 않을까? ©조성규

MONUMENT
TOYS
Monument
Books
MONUMENT

COLLAPSE
THE WOLF OF
WALL STREET
BERLIN
OPIUM
COSA
NOSTRA

캄보디아의 노르돔가에 위치한 서점으로 한국 서적도 보인다.

현재 학교는 공립학교가 대부분이나 최근 사립학교도 증가하고 있고, 투자 목적으로 외국인들이 몰려들자 국제학교도 빠르게 확산되고 있다. 학생당 교사수가 절대적으로 부족하여 오전반/오후반의 2부제 수업이 이루어지고 있는데, 그나마도 수업시간은 초등학교의 경우 하루 2~3시간, 중등학교는 4~5시간에 불과하다. 실제 한 농촌의 초등학교의 경우 교사 1인당 학생 수가 약 70여 명에 이른다고 한다. 이렇듯 캄보디아는 아직까지도 교사와 예산 부족 등으로 교육체제 개선이 늦어 세계 각국에서 교육 지원활동을 벌이고 있다.

며칠 전 인터넷에서 10년 만에 부활한 '일제고사'에 관한 한국의 기사를 보았다. 취지는 초등학교 학생들의 학습능력이 학습목표에 도달하는지 여부를 파악하기 위함이라고 하지만, 반대로 학생들의 부담을 가중시키고 사교육 과열을 불러 올 것이라는 우려의 목소리가 높아지고 있다. 그래서 일부 학생들은 등교를 거부하고 현장 학습을 떠나기도 했고 이를 주도한 교사들은 제재를 받았다고 한다.

무엇이 옳고 그른지는 잘 모르겠다. 각자의 입장에서 나름의 분명한 이유와 근거가 있을 것이기 때문이다. 그러나 기사를 읽으면서 시험을 추진하는 입장과 거부하는 입장의 팽팽한 대결 속에 놓인 학생들과 학부모들의 모습이 눈에 선하여 안타까웠다. 오죽하면 이곳 캄보디아에서 공부하는 우리 아이들의 형편이 좀 더 낫지 않을까 하는 생각도 들었다.

사실 캄보디아에서 공부를 하는 한인 청소년들을 보면 대견하다는 생각이 든다. 캄보디아로 유학온 학생들도 마찬가지이다. 교육시설, 교사, 교육매체 등 많은 부분에서 아직 한국보다 열악한데도 불구하고 열심히 공부하고, 자기를 발전시켜 나간다는 것은 웬만한 의지가 아니면 쉽지 않기 때문이다.

필자에게도 두 명의 아이들이 있다 보니 이곳에 처음 도착했을 때 프놈펜에 있는 학교는 거의 다 가보았다. 심지어 학교처럼 생긴 학원까지도 가보았다. 학비가 비싼 학교나 그렇지 않은 학교 모두 학과목의 차이보다는 환경적 차이가 학비를 결정한다는 느낌을 받았다.

과거 캄보디아에서는 불교의 영향으로 스님들에 의해 사원에서 읽기, 쓰기와 같은 기본 교육이 이루어졌었다. 그러나 거기에서 여학생은 제외되었다. 보수적인 남존여비사상 때문이었다.

근대에 들어서는 식민지 정부가 기존 교육 방법에 프랑스식 교육 모델을 도입하여 혼재된 형태의 교육이 이루어졌다. 그러나 그것도 잠깐, 1975년부터 4년 동안 '폴포트'가 이끈 크메르루주 정권 때 학교는 폐쇄당하고, 교사의 90%가 처형됨으로써 캄보디아의 교육은 암흑기를 갖게 되었다. 1979년 크메르루주의 붕괴 이후 정권을 쥔 '헹 쌈린'은 초등학교 4년, 중학교 3년, 고등학교 3년의 학교제도를 도입하고 문맹퇴치 및 산

수 교육에 힘썼으나 암흑의 구름은 쉽게 걷혀지지 않았다. 교육 제도를 우리와 같은 6-3-3년으로 하게 된 것은 1996년 이후부터이며, 헌법에서는 의무교육을 중학교까지 9년으로 규정하고 있다. 그러나 앞서 이야기한 바와 같이 중학교의 취학률은 겨우 34% 정도이고, 고등학교는 10%도 채 되지 않는다.

현재 학교는 공립학교가 대부분이나 최근 사립학교도 증가하고 있고, 투자 목적으로 외국인들이 몰려들자 국제학교도 빠르게 확산되고 있다. 학생당 교사수가 절대적으로 부족하여 오전반/오후반의 2부제 수업이 이루어지고 있는데, 그나마도 수업시간은 초등학교의 경우 하루 2~3시간, 중등학교는 4~5시간에 불과하다. 실제 한 농촌의 초등학교의 경우 교사 1인당 학생 수가 약 70여 명에 이른다고 한다. 이렇듯 캄보디아는 아직까지도 교사와 예산 부족 등으로 교육체제 개선이 늦어 세계 각국에서 교육 지원활동을 벌이고 있다.

캄보디아의 교과목으로는 초등학생의 경우 자국어인 '크메르어'와 역사, 산수 정도가 전부이고, 4학년부터 영어를 배우며, 예체능은 정규과목에 해당하지 않는다. 대학교에서는 의학, 법학 등을 전공하려는 학생들이 많은 반면 교육학은 인기가 낮다. 교사는 매우 박봉에 지방 전근이 많은 탓이다. 실제 2008년도 기준 초등학교 교사의 봉급은 월 60$, 고등학교 교사는 95$에 불과하다. 박봉으로 인한 교사들의 부정행위(?)도 무시할 수 없다고 한다. 그리고 거의 대부분의 교사들이 개인 과외를 병행하고 있다.

상황이 이러하다 보니 일부 경제적인 능력을 갖춘 교육열 높은 부모들

① 프놈펜지역의 유치원으로 사진작가 앞에서 포즈를 취하고 있는 아이들의 모습
② 방과 후 캄보디아의 미래를 짊어질 청소년들의 모습

이나 외국인들의 경우 자녀들을 국제학교에 보내는데, 한 달 수업료가 300~1,300$로 매우 비싼 편이다. 한국인을 위한 학교도 거의 전무한 데다 외국인 학교는 이처럼 수업료가 너무 비싸 일부 선교사들의 경우 자녀들을 사설학원에 보내 우리나라의 검정고시를 통해 학력을 인정받게 하고 있다.

최근 캄보디아의 학교들이 잦은 시험과 암기 · 주입식 교육을 하고 있어 사교육을 받지 못하는 저소득층의 학생들은 스스로 뒤처진다고 느끼며 불안해하고 있다. 이런 환경에서 창의적이고 자기 주도적인 학습이 이루어지지 못하는 것은 두말 할 나위도 없다. ©조성규

① 뚤섭바이쁘레이 지역의 뚤섭바이고등학교이다.
② 사립 중고등학교이다.

왜 제대로 된 공중화장실이 없을까? 아마도 공중화장실까지 갖출 정도의 국가 예산이 확보되지 못해서가 아닐까 싶다. 정화조 시설 설비의 문제도 있을 것이다. 또 하나의 문제는 시민의식이다. 공중화장실을 만들어 개방한다면 급한 볼일(?)을 보기 위한 용도를 넘어서, 우리의 상상을 초월하는 일이 발생할 수 있을지 모른다.

캄보디아에 살면서 다 큰 어른들이 길거리에 실례(?)하는 것을 흔치 않게 볼 수 있다. 사실 차를 타고 가다가 문득 담장 아래 서있는 사람들을 보았을 때 무슨 일이 생긴 줄 알았다. 심각한 포즈로 서서 좌우를 살피는 게 매우 긴장한 듯한 모습이었기 때문이다. 별로 원치 않지만 이런 모습은 종종 목격할 수 있다. 심지어 내 집 앞에 사는 '모토돕' 기사 아저씨들조차 우리 집 담벼락에 그렇게(?) 하고 있다.

처음에는 이런 모습을 보면서 '역시 후진국은 어쩔 수 없구나'라고 생각했다. 그러나 워낙 자주 그러한 모습을 접하다 보니 이들의 배뇨 문화에 점점 익숙해지고 있는 나를 발견한다.

꽤 오랜 시간이 지난 후에 앞 집의 한 '모토돕' 기사 아저씨와 친해져 이야기를 나누던 중에 '왜 남의 집 담장에 실례(?)를 하느냐?'고 물었다. 그랬더니 그는 아무렇지 않게 '여기는 화장실이 없지 않느냐?'고 답하는 것이었다. 충격적이었다. 그 생각을 미처 못했다니….

이 이야기를 듣고 난 후 바로 공중 화장실 찾기에 나섰다. 정말 공중 화장실이 하나도 없을까? 매우 궁금했다. 한 일 주일 정도 오고 가는 길에 살펴보니 정말 화장실 비스무레하게 생긴 것조차 찾을 수가 없었다.

문득 우리나라의 공중 화장실을 떠올려보았다. 도시와 지방의 차이는 있겠지만 요즘의 고속도로 휴게실 화장실만 봐도 정말 깨끗하고 편리하다. 냉·온수를 사용할 수 있고, 비누와 에어 타올 까지 구비되어 있는 곳이 대부분이다. 심지어 비데가 설치되어 있는 공중 화장실도 있으니…. 이런 환경에 익숙한 우리에게 청결한 화장실은커녕 공중 화장실이 없어 대낮에 멀쩡한 성인들이 노상 방뇨를 하는 모습은 적잖이 당황스럽다.

화장실을 찾아보겠다는 나의 일념은 몇 군데 공중 화장실을 발견하는 것으로 보상을 받았다. 시내 쪽이 아닌 강변 쪽에 몇 군데 있었는데, 독립기념탑을 지나 새로 만든 공원 내에, 그리고 한 컴퓨터 매장 앞에 몇 개가 있었다. 다른 강변 쪽에는 돈을 내고 들어가는 화장실도 있었다. 하지만 앞서 말한 두 곳의 야외 화장실은 간이 화장실로 상태는 매우 열악했다.

왜 제대로 된 공중화장실이 없을까? 아마도 공중화장실까지 갖출 정도의 국가 예산이 확보되지 못해서가 아닐까 싶다. 정화조 시설 설비의 문제도 있을 것이다. 또 하나의 문제는 시민의식이다. 공중화장실을 만들어 개방

한다면 급한 볼일(?)을 보기 위한 용도를 넘어서, 우리의 상상을 초월하는 일이 발생할 수 있을지 모른다. 적어도 여기 캄보디아에서 살아본 사람이라면 공감할 것이다. 공중화장실 앞은 생활 용수를 얻기 위한 현지인들로 항시 붐빌 것이다. 아예 샤워를 하거나 빨래를 하는 이들이 생길지도 모른다. 그러기에 이러한 화장실이 생긴다면 관리하는 직원과 감독자들이 필요할 지도 모른다.

우리나라에서는 약 10년 전부터 '화장실문화연대'라는 시민단체에서 각종 사업과 캠페인을 벌이며 선진 화장실 문화를 정착하기 위한 노력을 계속하고 있다. 캄보디아에서 당장 우리와 같은 화장실 문화를 기대하는 것은 욕심이겠지만, 최소한 언제 어디서든 급한 볼 일(?)을 해결할 수 있는 공간이 마련되기를 바래본다. ©조성규

캄보디아의 어느 꼬마가 벽에 그림을 그리고 있다.

선거차량 행렬을 보면 대개 앞에는 고급 SUV차량이 몇 대 지나가고, 그 뒤를 이어 선거 차량으로 개조한 트럭이 열심히 떠들며 지나간다. 이 개조 트럭은 스피커에 방송장비까지 달아 제법 선거용 차량의 모습을 갖추고 있다.

선거철에는 많은 사람들이 불편을 겪는다는 이야기를 들었다. 단순히 시끄러운 소음 때문만이 아니다. 선거철에는 관공서에서 행하는 공적인 업무조차 마비되는 일이 허다하다.

새벽 6시쯤 되었을까? 확성기에 대고 누군가가 큰 소리로 떠드는 소리에 잠에서 깨었다. 처음에는 '또 이웃집에서 잔치를 하는가 보다. 에휴, 잠은 다 잤네.'하며 달콤한 아침잠을 체념하려는데, 잠시 후 고성이 멈추었다. 아니 이렇게 일찍 끝나는 것인가 싶어 창문을 열어 보았다. 이웃집 잔치는 아니었다. 도로 옆으로 차량이 줄지어 서 있고 그 뒤로 오토바이 탄 사람들과 깃발을 들고 서 있는 사람들로 도로가 꽉 차있는 모습이 보였다. 선거철이 되면 흔히 볼 수 있는 선거유세 장면이다. 캄보디아에서 이런 선거 유세현장을 처음 본 것이 작년이었다. 며칠 동안 거리에 차량 행렬이 다니는 것을 본 기억이 난다. 신기하게도 우리나라 선거철의 풍

① 도로에 설치된 후보자들의 부스. 그들의 바램을 아는지 모르는지 한 오토바이가 무심한 듯 지나가고 있다.

② 학교내에 설치된 투표장에서 어느 부부가 투표를 마치고 나오고 있는 모습

경과 매우 유사하다. 캄보디아에서는 선거일 한 달 전부터 이런 모습을 볼 수 있다. 선거차량 행렬을 보면 대개 앞에는 고급 SUV차량이 몇 대 지나가고, 그 뒤를 이어 선거 차량으로 개조한 트럭이 열심히 떠들며 지나간다. 이 개조 트럭은 스피커에 방송장비까지 달아 제법 선거용 차량의 모습을 갖추고 있다.

참고로 캄보디아에서는 만 19세 이상이면 선거권이 주어지는 우리나라와는 달리, 캄보디아에서는 만 25세 이상의 남녀에게 선거권이 부여된다. 5년마다 한 번씩 국회의원 선거를 실시하는데, 1993년 1차 총선 이후, 올해(2008년)가 제4차 총선이다. 알다시피 캄보디아는 입헌군주제이자 의원내각제 국가이다. 국왕은 종신직으로 세습되지 않고, 살아있는 동안 국가의 수반으로서 군림하지만 헌법에 의해 통치할 수는 없다. 실질적인 국정 운영을 담당하는 행정부의 수장 '총리'는 다수당 국회의원 중 국왕에 의해 임명되고, 5년 임기이지만 연임이 가능하다.

캄보디아의 주요 정당이자 현재 의석을 가진 정당은 캄보디아국민당(CPP: Cambodian People's Party), 삼랑시당(Sam Ransy Party), 인권당(HRP:Human Right Party), 라나리드당(NRP: Norodom Ranariddh Party), 민족연합전선(Funcinpec: National United Front for an Independent, Neutral, Peaceful and Cooperative Cambodia) 의 5개가 있는데, 그 중 캄보디아국민당과 민족연합전선(훈신펙당)이 연립정부를 구성하고 있다.

나라의 운명이 달린 중요한 행사이긴 하지만 선거철에는 많은 사람들이

주택가에 캄보디아의 여당인 CPP(Cambodia People Part)의 어느 후보자가 지지를 호소하며 지나가고 있다.

불편을 겪는다. 단순히 시끄러운 소음 때문만이 아니다. 선거철에는 관공서에서 행하는 공적인 업무가 마비되는 일이 허다하다. 유통업에 종사하는 어떤 이는 선거 때문에 컨테이너를 찾기 위한 서류가 더디게 나온다고 한숨을 쉰다. 자동차 세금 문제만 해도 그렇다. 작년에는 '쫄치남' 즈음에 세금을 냈으나 올해는 선거로 인해 언제 내야 할지 모른다고 한다. 아마도 선거가 끝나면 내야 될 듯하다.

우리의 생각과 기준으로는 이해하기 어렵다. 어떻게 선거로 인해 공적인 업무가 마비될 수 있단 말인가? 이렇게 불편을 겪고만 있자니 참 답답하다. 많은 캄보디아 현지인들이 '불편함을 불편하다고 여기지 않고 그저 순응하는' 상태에서 벗어나 지속적으로 이 나라 정부에, 행정기관에 항의하고 건의하여 '개선', '발전', '희망'과 같은 단어들과 친해지는 날이 하루 빨리 가까워지기를 바래본다. ©조성규

캄보디아 야당 중의 하나인 삼랑시당의 선거 유세 모습이다.

앙코르 왓. 우리는 무엇을 바라기에 흙바람을 헤치고 이 곳을 찾는 것일까.
캄보디아의 옛 영화가 느껴진다.

물론 신비한(?) 잉크에 대해 얘기하려던 것은 아니었고, 중요한 것은 이번 선거의 결과 훈센 총리가 대대적인 압승을 거머쥐었다는 것이다. 그 이유 중에 하나는 태국 국경에 인접한 '프레아 비헤아 사원'때문이다.

선거철이 끝나고 나면 캄보디아 현지인들의 검지 손가락은 검게 물든다. 캄보디아 선거에서는 유권자들이 두 번 투표하는 것을 막기 위해 투표용지를 받을 때 검은 잉크를 묻혀 지장을 찍게 하기 때문이다. 이 잉크는 잘 지워지지 않아 한 번 묻으면 적어도 한 달 이상 간다고 한다. 휘발유 등 온갖 방법을 동원해서 지워보려 해도 소용 없다고 한다.

물론 신비한(?) 잉크에 대해 얘기하려던 것은 아니었고, 중요한 것은 이번 선거의 결과 훈센 총리가 대대적인 압승을 거머쥐었다는 것이다. 그 이유 중에 하나는 태국 국경에 인접한 '프레아 비헤아 사원'때문이다.

프레아 비헤아 사원은 앙코르 왓에 견줄 만큼 규모가 크고 오래된 힌두교 사원이다. 오래전부터 사원을 비롯한 폐허 주변 지역은 태국 국경과 인접한 지역에 위치하여 서로 소유권을 주장하는 분쟁이 끊이지 않았는데 1964년 국제사법재판소에서 프레아 비헤아 사원은 캄보디아의 소유로, 인접한 북쪽의 땅은 태국 소유로 판결했다. 이후 캄보디아에서는 관광 개발을 위해 사원을 유네스코에 등재하려 했으나, 이 사원이 태국 국경 쪽에 위치해 있어 유네스코 규정에 의해 태국 정부의 허락이 필요했다. 캄보디아의 입장에서는 다행히, 태국의 입장에서는 불행히도 당시 태국 외무부 장관이 이를 허락하여 프레아 비헤아 사원은 2008년 7월 8일, 총선을 20여 일 앞두고 유네스코 세계문화유산에 등록되었다. 집권당인 캄보디아인민당(CPP)과 훈센, 그리고 캄보디아인들은 환호하였으나 태국인들의 반발은 거세져 재차 이 지역의 영유권을 두고 분쟁하던 중 유혈사태까지 벌어지게 되었고, 이를 이곳 신문과 CNN 등에서 연일 대서특필 하고 있는 것이다.

L선교사로부터 군부대 캠프를 함께 해보자는 제안을 받아 컴퓨터를 가르치는 일을 시작했을 때였다. 우연히 그 부대의 장군(준장)과 대화를 나누게 되었는데, 그는 태국과의 프레아 비헤아 사원 영유권 분쟁에 대해 한낱 외국인인 나에게 열띤 설득과 주장을 펼쳤다. 여러 신문을 보여 주기도 하고, 지도를 펼쳐 분쟁 지역의 위치를 짚으며 분명히 자기 나라 땅에 사원이 있다고 거듭 강조하였다. 그곳을 지키는 캄보디아 군인들과 민간인들이 다쳐 자신의 부대에서 감독하기도 하고 부대원을 보내기도 했다고 한다. 참 대단한 열정이었다. 다른 참모들 역시 거기에 동감하고 최선을 다해 지킬 것이라고 다짐들을 하는 것을 보았다.

어쨌든 이 사건으로 인해 훈센 총리와 집권 여당의 인기는 더욱 높아져 선거 지지율에 반영되었던 것이 분명하다. 프레아 비헤아 사원을 둘러싼 태국과의 긴장이 고조되면서 캄보디아 유권자들이 분쟁에 대한 적극적인 대처를 위해 훈센 총리에게 힘을 실어준 것으로, 한 마디로 캄보디아인들의 애국심이 훈센의 압승을 도운 것이다.

나는 이미 결과를 어느 정도 예측하고 있었기 때문에 총선 자체에는 큰 흥미가 없었다. 단지 이 사건이 우리나라와 일본의 독도문제를 떠올려 남의 일 같지가 않다. ©조성규

태국과의 국경분쟁이 있는 프레아 비헤아 사원. 여행객이나 일반인들의 출입이 쉽지 않다.

기독교식 장례식. 길고도 짧은 생을 마치는 날. 모두가 경건하게 망자의 길을 위로하고 있다.

불교식 장례식. 운구를 화량에 싣고 가족들이 뒤를 따라 행렬하여 화장터에 도착한다. 잠시 경건한 의식을 마친 후 화장한다. 탑 꼭대기에서 연기가 피어 오른다. 건물의 안쪽에서는 승려들이 계속해서 망자의 영혼을 위로하고 있다.

요즘 재래시장을 가보면 물건값이 많이 폭등했다. 특히 채소 가격은 평소의 2배 가까이 올라, 김치를 담가 먹는 것도 예전에 비해 너무 많은 돈이 든다. 아마도 태국과의 평화적 외교 협력이 있을 때까지 그럴 것이다.

요즈음 캄보디아의 최대 이슈는 앞서 얘기했던 '쁘레비히어' 사원 부근 영유권을 둘러싼 태국과의 분쟁이다. 거의 연일 신문에서 오르내리고 있다. 그렇지만 여기에 살고 있는 외국인들은 그다지 대수롭지 않게 여기는 것 같다. 물론 관심이 없는 것은 아니겠지만 그들의 삶에 직접적인 영향을 주지는 않는다는 의미이다. 하지만 캄보디아 사람들에겐 매우 심각한 일이며 그만큼 민감한 사안이라는 것을 며칠 전에 경험했다.

집에서 가사 일을 도와주시는 도우미 아주머니와 아내가 함께 시장에 갔다. 마땅한 반찬거리도 없고 김치도 떨어지고 해서 김치를 담가야겠다고 생각해 필요한 재료들을 사러 간 것이었다. 그런데 아주머니가 시장에 다녀와서 아내더러 '물건을 더 사야 되지 않느냐?'고 질문을 했다. 아내는 필요 없다고 대답하고는 그 날 시장 본 내역을 다시 계산해 보았는데 평상시에 비해 유난히 배추 값이 비쌌다고 한다. 이상하게 여겨 아주머니에게 이유를 물어보았더니 태국과의 분쟁 때문에 그렇단다. 태국이랑 분쟁하는 데 왜 배추 값이 오르냐고 묻자 '사람들이 많이 사가지고 가서 그렇다'고 한다. 일명 '사재기'를 하고 있는 셈이었다. 이어서 아주머니는 '그러니 우리도 다른 것을 더 사야 하지 않겠느냐?'고 묻는데, 그 말에 살짝 긴장이 되기도 했지만 아내는 이 정도면 충분하고, 식품 가게들이 다 영업중이니 필요할 때마다 사면 된다고 했다 한다. 그러자 아주머니는 '캄보디아 사람들 대부분이 집안 보이지 않는 곳에 생필품들을 사 놓고, 언제든지 도망갈 수 있는 준비를 한다.'고 말하더라는 것이다. 그쯤 되자 아내도 정신이 번쩍 들었다고 한다.

캄보디아는 '앙코르 왓'으로 대표되는 600년 넘게 누려온 앙코르 왕조의 영화를 뒤로하고 1431년 샴(타이 왕국의 옛 이름)의 침략 이후 약 400여 년 간 샴과 베트남의 지배를 번갈아 받았다. 이들에게 벗어나기 위해 1863년 자진하여 프랑스의 보호령에 들어갔으며 약 70여 년 동안은 프랑스의 식민 지배를 받게 되었다. 1945년 프랑스에게서 벗어나고자 일본의 후원 하에 독립을 꾀하기도 했으나, 일본이 패전하자 다시 프랑스가 지배권을 회복하여 식민 지배는 1953년까지 계속되었다. 1965년, 프랑스에게서 해방되어 겨우 몸 추스르기가 무섭게 이웃나라 베트남에서 발발한 전쟁의 불똥이 튀어 미군의 대규모 폭격으로 인해 약 80만 명의 사망자가 발생하기도 하였다. 1975년 베트남 전쟁의 종결로 미군이 철수하는가 싶더니 곧이어 폴 포트가 이끄는 크메르루주가 정권을 쥐게 되면서 4년 동안 전 국민의 30%에 해당하는 200만 명이 처형, 고문, 기아, 질병으로 희생되었다.

이들이 아직도 전쟁에 대한 두려움과 불안감이 남아있는 것은 어쩌면 당연한 일인지도 모른다. 아마도 폴 포트 정권 시절을 겪으면서 내면 깊숙이 자리잡은 불신이 치유되기까지는 더 오랜 시간이 걸릴 것이다.

태국과의 분쟁이 시작된 이후 재래시장의 물건값이 많이 폭등했다. 특히 채소 가격은 평소의 2배 가까이 올라, 김치를 담가 먹는 것도 예전에 비해 너무 많은 돈이 든다. 아마도 태국과의 평화적 외교 협력이 있을 때까지 불안함의 발로인 사재기는 계속될 것이다. ©조성규

①	① 올림픽경기장 주변의 과일 밀집 상가 모습이다.
②	② 트마이시장을 리모델링 하기 전에 주위에 형성된 가게들의 모습이다.

캄보디아 정부의 어느 입찰에서도 한국 업체들끼리 서로 비난하는 바람에 결국 캄보디아 정부는 한국 업체들을 배제하고 다른 나라에 공사를 맡겼다는 이야기를 들은 적이 있다

당나라와의 싸움에서 연개소문은 단 한 번도 패배한 적이 없었다. 그가 죽을 때까지 고구려는 무려 20여 년 간 전쟁에서 줄곧 승리한 것이다. 연개소문은 중국의 경극에도 등장할 정도로 중국인들에게 두려운 존재로 인식되기도 했다.

649년 5월 당 태종은 끝내 고구려를 정복하지 못한 채 아들에게 다음과 같은 유언을 남겼다고 한다.
"고구려 공격을 그만두어라(罷遼東之役). 아비의 실패를 되풀이하면 사직을 지키기 어렵다."

그만큼 고구려는 강했던 것이다. 그러나 연개소문이 사망한 후 그의 큰아들 남생과 그 둘째 남건, 셋째 남산간의 한심한 권력 다툼만 계속되었다.

프놈펜 인근 따까오에 있는 한인이 운영하는 봉제 공장이다.

결국 남생은 당에 항복하고, 연개소문의 동생 연정토는 신라에 투항하였다. 나 · 당 연합군은 이를 틈타 668년 고구려를 멸망시켰다.

고구려가 멸망될 당시의 상황은 『자치통감(資治通鑑)』의 가언충의 이야기로 자세히 알 수 있다. 그는 668년 2월 시어사로 요동 전선에 파견되었는데 고종에게 고구려는 반드시 평정된다고 말했다. 고종이 어떻게 아느냐고 묻자 가언충은 이렇게 대답했다.

"수 양제가 승리하지 못한 것은 원한으로 민심이 떠났기 때문입니다. 선제(태종)께서 이들을 함락시키지 못한 것은 고구려가 빈틈없었기 때문입니다. 그러나 지금 고구려는 쇠약해졌고 권신이 제멋대로 날뛰고 있습니다. 연개소문이 죽은 후에 남건 형제가 서로 다투고 있습니다. 남생은 마음을 정하고 저의 길 안내자가 되었습니다. 저는 그의 진실과 거짓을 모두 알고 있습니다. 고구려 내의 권력 다툼을 이용하면 반드시 이길 수 있습니다."

- 『중국과 전투 '백전백승' 불멸의 장수, 연개소문』(이종호) 중에서 -

최근, 캄보디아 ○○협회에서 임원을 새로이 임명하게 되었다. 우리나라 몫으로 두 자리가 배정되어 한인 두 명이 추천되었는데, 우리 동포 중 한 사람이 캄보디아 ○○협회 측에 우리 후보자들을 비난하는 투서를 보냈다 한다. 결국 ○○협회에서는 우리나라 임원 임명을 추천방식에서 선출방식으로 변경했고, 투서를 했던 측은 ○○협회의 임원이 될 수 있었다. 다른 후보자 중 하나가 체면을 생각하여 자진 사퇴한 덕에 자동으로 임원이 되었던 것이다. 투서의 내용이 사실인지, 아닌지는 굳이 따지고

①	②
③	④

① ~ ③ 캄보디아의 프놈펜에는 오늘도 계속해서 건물이 올라가고 있다.
④ 캄보디아의 프놈펜의 선교센타 건설현장

싶지 않다. 이 사건에서 투서의 진위여부는 그리 중요치 않기 때문이다. 668년 요동전선에 시어사로 파견되었던 가언충의 눈에 연개소문의 아들 남생은 어떻게 비쳐졌을까? 가언충은 고종에게 이렇게 말했다.
"저는 그(남생)의 진실과 거짓을 모두 알고 있습니다."
캄보디아 ○○협회 회원들도 가언충과 같은 눈으로 우리 동포들을 꿰뚫어 보고 있을 것이라는 생각이 들자, 부끄럽고 착잡해진다.

최근, 캄보디아 정부의 어느 입찰에서도 한국 업체들끼리 서로 비난하는 바람에 결국 캄보디아 정부는 한국 업체들을 배제하고 다른 나라에 공사를 맡겼다는 이야기를 들은 적이 있다. 세계 유명 기관의 임원을 선출하는 경우에도, 우리나라 사람들끼리 투서를 해서 다 된 밥에 재를 뿌리는 경우가 종종 있다고 한다. 사촌이 땅을 사면 배가 아프고, 배가 아프기 때문에 땅을 못 사게 방해하는 것이다. 설령 그게 내게 아무런 이익이 안 된다 해도….

중국인들의 경우, 새로운 중국인이 자국에서 이민 오면, 그가 자립할 수 있을 때까지 옆에서 밀어주고 도와준다. 자립한 그는 또다시 새로운 중국인이 오면, 자기가 받은 대로 똑같이 새로운 이민자를 밀어주고 도와주는 것이다.

왜 우리나라 사람들끼리는 서로 돕는 일이 잘 되지 않는 것일까? 나는 내면 깊은 곳에 숨쉬고 있는 시기심 때문이 아닐까 라는 생각을 해 본다. 나 아닌 다른 사람이 나보다 더 잘 되는 모습은 차마 눈뜨고 볼 수 없는 것이다.

최근 '샌드위치론' 이 자주 회자되고 있다. 중국과 일본 사이에서 경쟁력을 잃고 있는 우리나라에 대한 다각적인 자기반성과 해법들이 거론된다. 함께 머리를 맞대고 힘을 합쳐야 한다는 위기의식들이 표출되고 있다. 그러나 서로가 힘을 합치기 위해서는 반드시 거쳐야 할 과정이 있다. 개개인들이 자신을 낮추는 과정이다. 나의 생각을 말하려면, 먼저 남의 생각을 들어 주어야 한다. 남을 설득하기 위해서는, 먼저 남의 주장을 이해해야 한다. 같이 망하면 망했지, 남이 나보다 더 잘 되는 것, 높이 되는 것은 참을 수 없으며, 인정할 수도 없다는 자세로는 불가능하다.

국가간 무한 경쟁시대를 살아가고 있는 우리 동포들이 다시는 자중지란(自中之亂)의 우(愚)에 빠지지 않기를 간절히 바란다. ©박형아

캄보디아의 아름다운 노을.

힘들여 열변을 토하지 않고도 우리나라의 문화와 기술력을 물론 풍경과 사회상을 효과적으로 알릴 수 있는 매체, '영화'…. 한국 영화가 한류 열풍을 타고 캄보디아를 찾아온 지 어언 3년째이다.

앞으로 영화뿐만 아니라 문화 산업 전반에 걸쳐 다양한 콘텐츠로 캄보디아에 진출하여 한국이 높은 예술성을 가진 나라로 인식되는 날을 기다려본다.

필자의 취미는 극장에서 영화를 감상하는 것이지만, 캄보디아에서는 즐기지 못하고 있다. 캄보디아의 극장은 우리 나라와 달리 시설이 매우 열악한데다 캄보디아 영화만 상영하기 때문이다. 해외 개봉작은 상영하지 않는다.

아쉽게도 동남아의 다른 국가들에 비해 캄보디아에는 한류 열풍이 거세지 않아서인지 우리나라 영화 수입은커녕 한국이라는 나라에 대한 지식도 거의 없다. 기껏해야 지난 한국 드라마가 방영되거나 한류스타가 방문할 때 방송하는 정도이다.

그런데 몇 해 전부터 변화가 일어나기 시작했다. 한국 대사관 주관으로 홍보를 하여 캄보디아에서 3회째 한국 영화제가 열리고 있는 것이다. 우리 나라와 캄보디아의 외교 관계 수립 10주년을 기념하는 행사라고 한다. 작년 10월 하순쯤에도 이곳에서 우리나라 영화 여러 편을 상영했는데, 반응이 제법 좋았던 것으로 기억하고 있다. 올해도 작년과 비슷한 시기에 LUX CINEMA라는 상영관에서 개최되었는데, 〈식객〉, 〈괴물〉 등과 같은 신작 영화들도 있었다.

영화는 캄보디아 사람들에게 한국의 문화와 기술을 보여줄 수 있는 효과적인 매체가 아닐까 생각한다. 게다가 영화 속에는 시대적 배경과 함께 그 나라의 풍경과 문화가 자연스레 담겨있어서 우리를 이해시킬 수 있는 좋은 도구이다. 그러나 아쉽게도 이 나라에서 한국 영화를 극장에서 상영한다고 해도 극장 환경이 매우 열악하여 스크린의 크기도, 사운드 품질도 만족할 수 있는 곳이 없다. 비교하려니 좀 미안하지만 인근 국가 베트남의 경우는 대형마트 안에 우리 나라에서 볼 수 있는 규모와 시설을 갖춘 극장이 있다. 거기에서는 한국 영화뿐만 아니라 할리우드 영화도 상영하고 있다.

캄보디아 공중파 방송에서는 웃지 못할 일(?)도 벌어진다. 가끔 한국 드라마가 방영 되는데 이는 중국에서 방영했던 한국 드라마 CD를 구입해 캄보디아의 성우들이 더빙하여 보여주는 것이다. 그러다 보니 한국 드라마인데도 자막은 한자로 보여지고, 소리는 캄보디아어로 들린다. 문제는 성우의 목소리와 주위의 배경소리가 따로 분리되어 들린다는 것이다. 예를 들면 달리는 차 속에서 두 배우가 대화를 하는 경우, 달리는 차 소리를 배경으로 배우들의 대화 소리가 들리는 것이 아니라, 배우들이 대화 하는 동안에는 차 소리는 뚝 끊겨 전혀 들리지 않고, 배우들의 대화가 끝나면 그제서야 다시 차 소리가 들린다.

재래시장에 가보면 해적판 한국 드라마와 영화 CD가 많이 팔리고 있다. 중국에서 건너온 것이라고 한다. 이러한 경로로나마 한국 드라마와 영화가 캄보디아에 소개되는 것이 좋은 현상인지 나쁜 현상인지 잘 모르겠지만 일단 화질은 그럭저럭 볼만하다. 고국에 대한 향수병을 달래고 싶다면 이 해적판 영화도 약(藥)이 될 수 있겠다. 단, 영화의 경우 캠버젼(극장에 가서 캠코더로 찍은 영화를 일컫는 말. 대체로 화질이 좋지 않음)이 가끔 있으니 확인해보고 구입하는 것(?)이 좋겠다. ©조성규

캄보디아의 노르돔 도로에 있는 누아라 극장이다.

Cambodia Arirang

캄보디아 아리랑

봉사, 선교

캄보디아에 대해 잘 모르고 자선사업을 하다 낭패를 본 사람들도 있다고 들었다. 구호품들이 캄보디아 관료들에게 또는 현지인 브로커 손에 넘어간 사실을 뒤늦게 알고 땅을 치는 경우도 있고, 의도적으로 접근하는 한국인 브로커에게 속아 이러지도 저러지도 못하는 처지가 되는 경우도 허다하다고 한다. 또한 캄보디아 정부와 함께 일을 하는 데에도 많은 애로사항이 있다고 들었다.

얼마 전에 TV를 통해 우리 동포가 파라과이에 지은 학교를 본 적이 있다. 학교 이름은 '대한민국'이었다. 놀라운 것은 그 학교 학생들이 우리나라 애국가를 부를 줄 안다는 것이었다. 그 동포는 파라과이라는 먼 이국 땅에서 수 십 년간 양계장을 운영하며 번 돈으로 그 곳에 학교를 지어주고, 애국가를 가르치면서 대한민국에 대한 아름다운 이미지를 심어주고 있었다.

한때 통상산업부(現 지식경제부) 차관, 한국중공업(現 두산중공업) 사장, 데이콤 회장까지 지내신 어느 동포 분을 모시려는 곳이 많았지만, 모두 마다하고 필리핀의 한 작은 섬으로 들어가 농사꾼이 되었다. 필리핀 원주민들에게 농사짓는 법을 가르치고, 그들에게 배움의 길을 열어 주는

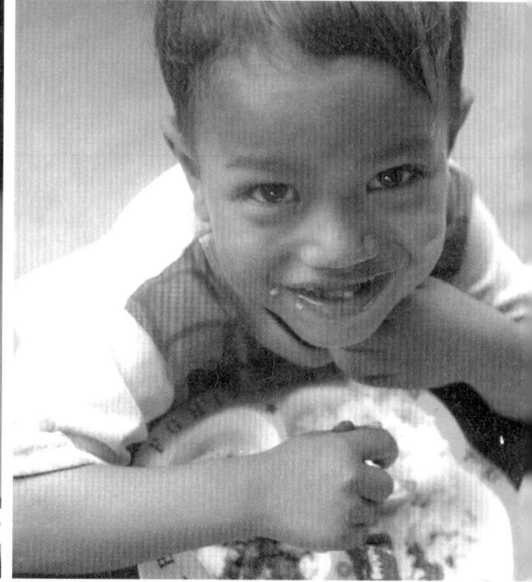

캄보디아의 아이들. 음식을 먹으며 즐거워 하고 있다.

모습이 너무나 아름답고 존경스러웠다. 이곳 캄보디아에도 가난한 사람들을 돕는 일에만 전념하는 분들이 있다. 학교를 세우고, 우물을 파고, 밥을 짓고, 병든 사람들을 치료하고, 유학을 보내고….

편안한 삶을 마다하고 이 먼 곳까지 와서 빈민촌만 찾아 다니며, 꼬질꼬질하고 입 냄새 가득 풍기는 현지인들의 입에 얼굴을 들이대고 무료로 치아 치료를 해 주시는 의사 선생님, 하루도 빠지지 않고 수 백 명의 밥과 반찬을 손수 만들어 가난한 자들에게 먹이고, 설거지 하고, 그들이 아프거나 불편하지 않은지 정성껏 살피는 어느 부부, 자기 공장 앞에서 오들오들 떨며 구걸하고 있는 어린아이를 눈물로 부둥켜 안고 깨끗이 씻긴 후, 좋은 옷을 입혀 주는 공장주인에 이르기까지…. 보이지 않는 곳에서, 아무도 알아주지 않는 곳에서 묵묵히 이런 온정을 베푸시는 분들께 경의를 표한다. 도움을 받는 그들은 분명 어느 한국인이 베푼 온정을 평생 기억할 것이다.

그런데 캄보디아에 대해 잘 모르고 자선사업을 하다 낭패를 본 사람들도 있다고 들었다. 구호품들이 캄보디아 관료들에게 또는 현지인 브로커 손에 넘어간 사실을 뒤늦게 알고 땅을 치는 경우도 있고, 의도적으로 접근하는 현지인 브로커에게 속아 이러지도 저러지도 못하는 처지가 되는 경우도 허다하다고 한다. 또한 캄보디아 정부와 함께 일을 하는 데에도 많은 애로사항이 있다고 들었다.

미리 잘 확인해 보지 않은 탓으로 치부하고 말 것인가? 어려운 사람들에게 사랑과 자비를 베푸는 사람들은 그들의 선행이 외부로 드러나는 것을 꺼린다. 남들에게 칭송 받기 위함이 아닌, 도움 받는 사람의 마음까

캄보디아의 어린 뱃사공. 바다와 같은 하늘, 하늘과 같은 물 위에서 세상을 아는 듯 모르는 듯 바라보는 이 아이의 눈빛을 보라. 호기심, 두려움, 미지에 대한 상상과 외국인에 대한 경멸의 느낌이 배어 있는 듯하다.

지도 헤아리는 진정한 자선과 봉사는 생색내지 않고 겸손하게 이뤄져야 한다고 생각하기 때문이다.

꼭 오른손이 하는 일을 왼손이 모르게 하고 싶다면, 오른손끼리 뭉치는 것은 어떨까? 좋은 뜻을 가지고 있는 사람들끼리 정보를 공유하여 그들의 선량한 마음을 행동으로 옮길 때 시행착오를 줄이고, 더 많은 이들에게 더 많은 혜택이 돌아갈 수 있도록 선행을 시스템화 하는 것이다. 아마도 선행을 하려는 사람들과 도움 받는 이들의 행복이 복리이자처럼 불어나게 될 것이다. 이들과 함께 협의하는 자리가 마련되길 원한다면 대사관 또는 한인회에 연락하여 NGO현황을 문의하길 바란다.

단기적인 봉사활동을 계획하고 있는 경우, 새로운 단체를 구성하는 것이 여의치 않다면 기존의 구호 단체에 가입하여 활동하는 것도 좋은 방법이다. 한국 NGO단체의 협의체인 '한국해외원조단체협의회(KCOC)'의 자료에 따르면 총 60여 개의 국내 NGO 단체들 중 현재 캄보디아에는 약 20 여 개의 단체들이 캄보디아인들의 주거환경 개선, 교육, 보건, 소득 증대 등을 위해 다양한 봉사 활동을 전개하고 있다고 한다. 한국해외원조단체협의회에 등록된 각 단체별 지원 사업을 파악하여 자신에게 맞는 활동을 전개하는 단체의 웹사이트를 방문하면 해외봉사활동 참여자를 모집하는 공고를 볼 수 있다.

시간 등이 여의치 않아 직접 봉사 활동에 참여하기 어렵다면 후원을 통한 참여도 가능하다. 일시/정기 후원금 전달은 물론, 결연을 통한 후원금 전달, 후원물품 보내기, 사랑의 동전 모으기, 심지어 문화상품권을 통한 후원까지 여러 종류가 있으니 참고하길 바란다. ©박형아

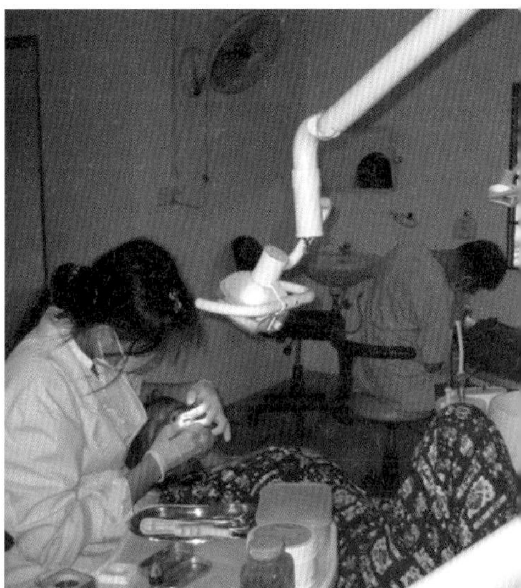

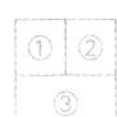

① 캄보디아에서 자선 사업으로 우물을 설치했다.
② 의료 자선 활동으로 치과치료를 하고있다.
② 진료를 받기 위해 기다리고 있는 사람들

"어꾼, 쁘레엉 예수.(예수님, 감사합니다.)"
첫 식판을 아이에게 건네 주는데 뜨거운 감정이 복받쳤다. 그냥 베푸는 것이 아니구나, 이들을 진실된 마음으로 위하고 높이는 것이구나! 두 번째 식판을 두 손으로 건넬 때, 눈물이 앞을 가렸다. 이 약한 자들을 위해 일생을 바쳐 동고동락하는 사람들에 비해 지극히 이기적인 내 자신이 한없이 작게만 느껴졌다.

원래 출장이 잦은 편이었으나, 금년 3월부터 영사 협력원으로 일하는 K씨가 시엠립에서 생기는 많은 사건 · 사고들을 도맡아 잘 처리해줘서 10개월 만에 시엠립 출장을 가게 되었다.

이번 출장 길에는 시엠립 한인회 임원들과, 시엠립 경찰청장, 그 외에도 여러 사람들과 만나기로 약속을 잡아두었다. 워낙 빠듯한 일정이라 모두를 다 만나고 올 수 있을지 걱정이 되었다. 하지만, 아무리 바쁘더라도 꼭 만나고 싶었던 사람이 있어 점심식사 시간을 이용해 그를 만나러 갔다. 식당 가득 캄보디아 어린이들이 모여 앉아 있었다. 자기들끼리 뭐가 그리 재미있는지, 까르르르 웃음이 끊이지 않는다. 왁자지껄한 아이들 너머로 L선교사의 모습이 보였다. 그는 장티푸스 예방접종을 돕고 있었다. 어느 선교 팀에서 예방주사를 놓고 있었는데, 노인, 아이 할 것 없이 모두가 팔을 걷어 부치고는 차례대로 줄을 서 주사를 맞는다. 개중에는 아프다고 우는 아이도 있었는데, 그 아이를 보며 사람들은 웃는다.

예방접종을 마치고 식사시간이 되었다. 모두들 줄을 지어 앉아서 기다리고 있다. 봉사하는 분들이 여러 명이었다. 그들은 미리 준비해 둔 큰 밥솥과 반찬 통들 앞에서 일일이 밥과 반찬을 식판에 담아 아이들에게 나누어 줄 준비를 했다. L선교사는 식판을 아이들에게 건네주는 역할을 내게 맡겼다. 그리고는 "우리는 이 아이들에게 아량을 베푸는 것이 아니고, 이 아이들을 대접하는 것입니다. 예수님께 하듯 공손하게 식판을 들고, 90°로 인사를 하면서, '어꾼, 쁘레엉 예수'(예수님, 감사합니다.) 이렇게 말씀해주십시오. 아이들도 그대로 따라 합니다." 라고 말하며 실제로 시범을 보여주었다. 불쌍한 애들한테 자선을 베푸는 것이 아니고, 그들을 나보다 높은 사람으로 여기고 섬기며 접대하는 듯한 태도에는 진심이 담겨있었다. 일단, 나도 시키는 대로 90°로 몸을 굽혀 아이들에게 인사를 했다.
"어꾼, 쁘레엉 예수."
첫 식판을 아이에게 건네 주는데 뜨거운 감정이 복받쳤다. 그냥 베푸는 것이 아니구나, 이들을 진실된 마음으로 위하고 높이는 것이구나! 두 번째 식판을 두 손으로 건넬 때, 눈물이 앞을 가렸다. 이 약한 자들을 위해 일생을 바쳐 동고동락하는 사람들에 비해 지극히 이기적인 내 자신이 한없이 작게만 느껴졌다.
언젠가 L선교사가 했던 말이 생각난다.
"영사님, 너무 열심히 하지 마세요, 저처럼 될 수 있어요."

"무슨 말씀이신지?"
"저, 밤잠 안 자 가면서 일하다가 작년 말에 한국 들어가서 목 디스크 수술 받았습니다."
L선교사의 목에는 수술자국이 있다. 하마터면, 반신불구가 될 수도 있었다고 했다. 너무 열심히 일하고 봉사하느라 자신의 건강을 돌아볼 여유가 없었던 것이었다.

얼마 전 사람들의 마음을 훈훈하게 했던 '서울역 목도리녀'가 떠올랐다. 그녀는 앉은 채로 힘겹게 기어가는 장애우 할아버지를 그냥 지나치지 않았다.
"사고를 당해 몸이 아픈데 치료도 못 받고 지하도에서 주무신다는 얘기를 듣고 얼마나 가슴이 아프던지…. 그때 제가 드릴 수 있는 거라곤 목도리 하나밖에 없어서 할아버지 목에 목도리를 감아 드렸던 거예요."
그녀의 아버지는 홀로 사는 장애인 할머니를 22년간 돌봐왔다고 한다. 아버지의 따뜻한 마음이 딸에게도 자연스럽게 전수된 것 아닌가 싶다. 이런 따뜻한 마음들이 계속 주변 사람에게 전염된다면, 참 좋은 세상이 될 텐데….

L선교사로부터 매일 점심을 대접받는 아이들은 400여명에 이른다. 단돈 100불이면 하루 400여명이 점심을 먹을 수 있다고 한다. 나는 그날 최소한 400번 이상 허리를 90°각도로 굽혀 절을 해야만 했다. 나중엔 허리가 끊어질 듯 아팠으나 그래도 뿌듯하고, 배부르고, 행복한 하루였다. ©박형아

캄보디아 아이들을 위한 봉사활동. 오히려 이들이 나에게 행복감을 제공해 주며, 나의 즐거움이다.

캄보디아 여자 아이들. 천진난만한 이 아이들의 미소를 오래도록 간직해 주고픈 사람들의 손길이 세계시민의식 속에서 더 큰 세상이 되는 날을 그려본다.

신비로운 악기들이 엮어내는 아름다운 연주를 직접 보고 듣는 동안 그들이 받는 놀라움과 감동이 맑고 검은 눈에 그대로 비쳐 보였다. 원래 1시간 동안 공연할 예정이었으나, 현지인들의 뜨거운 반응으로 30분이나 연장하였고, 캄보디아 국립기술대학 부총장은 더 큰 강당을 제공하겠으니 한 번 더 방문해 달라는 요청까지 하였다.

필자가 살고 있는 캄보디아에는 늘 외부 사람들로 북적댄다. 좀 더 정확하게 이야기하면 여름과 겨울철에 특히 많은 이들이 방문한다. 여행, 사업 등 여러 가지 목적이 있어서 찾아오지만 그중에서 캄보디아인들을 위해 봉사하러 오는 이들도 많다.

그들의 활동 분야를 보면 의료 봉사, 한글 및 영어 교육, 농업 기술 교육 등 여러 분야가 있다. 대부분 팀 단위로 오는데, 팀들이 소속된 기관도 각양각색이다. 일반회사, 공공기관, 학교, 교회 등…. 그 중에서 즐겁고도 뜻깊은 기억으로 남는 팀, A항공사 승무원들의 봉사활동 이야기를 하고자 한다.

A항공사 봉사팀은 한국에 있는 후원 선교단체에 있는 간사가 부탁을 해

서 봉사활동을 시작하게 된 팀이다. 사실 자사 홍보 차원에서 단발적으로 봉사활동을 하는 팀들도 많은데, A항공사의 봉사팀은 꽤 오랜 시간 함께 봉사 활동을 하였다. 지난 6~7월 두 달 동안만 6회의 활동을 한 것으로 기억한다. 더 자주 참여하고 싶어도 그럴 수 없었던 건 순수한 목적으로 결성된 사적인(?) 모임이라 비행을 마치고 주어지는 개인 휴식시간에만 봉사활동이 가능했기 때문이다. 근무에 지장을 주지 않는 범위내에서 최대한의 시간을 봉사에 할애했다고 생각한다. 귀한 휴식시간을 쪼개어 열심히 봉사활동에 임한 자체만으로도 뜻깊지만, 그들이 전개했던 새롭고 다양한 형태의(?) 봉사 활동들이 기억에 남는다.

총 8개의 팀으로 나누어 고아원을 방문하여 식사를 제공하거나, 아이들과 종이접기와 그림 그리기를 함께 하거나, 목욕 봉사를 통해 청결 교육을 실시하거나, 한글과 영어를 꾸준히 가르쳐주기도 하였다. 물론 가르치는 것은 한두 번 만에 효과를 거둘 수는 없지만, 캄보디아의 아이들에게 글을 배우고 싶다는 마음을 갖게 해 준 것만으로도 큰 의미가 있었다. 특히 생활고에 시달려 당장 돈 몇 푼이라도 더 벌 수 있다면 다니던 직장도 아무런 미련 없이 그만 두고 새로운 직장으로 옮기는 것을 당연시 여기는 캄보디아인들에게, 직장에서 일을 하고 남은 시간에도 쉬지 않고 자신들을 위해 봉사하는 승무원들의 모습에 적잖이 놀라고 감명 받는 듯 하여 괜히 필자가 뿌듯하기도 했다. 사실 캄보디아의 젊은이들은 자기 자신 하나 건사하기도 힘들 정도로 어려운 생활 탓에 남을 위해 배려하는 면이 다소 부족한 편이다.

특별히 기억에 남는 일 가운데 하나는 유치원 마당에 자갈을 깔아주었던 것이다. 자갈을 구입하여 함께 마당에 자갈을 깐 것이 지금은 아이들의 훌륭한 놀이 공간이 되었다. 그 마당은 원래 우기철만 되면 항상 진흙처럼 질퍽해져 아이들이 맘껏 뛰놀기 어려웠던 공간이었다. 아이들에게 그토록 밝고 행복한 미소를 주는 데는 큰 돈이나 무리한 육체적 노동이 필요한 것이 아니라는 걸 새삼 느꼈다.

그렇지만 그 무엇보다 가장 기억에 남는 일은 바로 챔버팀으로 구성된 승무원들의 작지만 큰 연주회였다. 챔버팀은 노동부 산하의 캄보디아 국립기술대학(NPCI)에서 관련학부 학생들을 모아놓고 연주회를 가졌는데, 그 감동은 기대와 상상 이상이었다. 사실 캄보디아에는 바이올린이나 비올라, 첼로를 난생 처음 보는 현지인들이 많다. 실제 2년 전쯤 캄보디아 공중파 방송의 한 퀴즈프로그램에서는 바이올린을 보여주고는 어떤 물건인지 맞추는 문제가 출제되었을 정도다. 심지어 피아노를 키보드로 알고 있는 젊은이들도 있으니 오죽 하겠는가? 신비로운 악기들이 엮어내는 아름다운 연주를 직접 보고 듣는 동안 그들이 받는 놀라움과 감동이 맑고 검은 눈에 그대로 비쳐 보였다.

원래는 1시간 공연 예정이었으나, 현지인들의 뜨거운 반응으로 30분이나 연장하여 공연이 진행되었고, 캄보디아 국립기술대학 부총장은 더 큰 강당을 제공하겠으니 한 번 더 방문해 달라는 요청까지 하였다. 단 한번의 연주였지만 캄보디아인들에게 새로운 인생을 보여주고 희망을 주었다면 그것이야말로 정말 뜻깊은 봉사가 아닐까 싶다. 귀한 휴식시간을 쪼개어 봉사활동에 임했던 A항공사 봉사팀에게 다시 한 번 감사의 마음을 전하고 싶다. ⓒ조성규

①	① 자선 활동을 위해 도착한 봉사단이 인사를 하고 있다.
②	② 발동기가 달린 레일 위의 수레에 짐을 옮기고 있다.

Information

캄보디아 교민전화&정보

통신사번호 + 캄보디아 국가번호(855) + 지역번호(프놈펜 23) + 전화번호

주요기관, 동호회

대 사 관 : 023-211-901~2
KOTRA : 023-214-465
KOICA : 023-220-457
산업인력공단:023-997-822
중소기업산업협회:023-880-144
봉사단사무소: 023-223-628
한 인 회 : 023-987-786
섬유협의회 : 012-418-474
태권도협회:016-276-476
기독실업인회:012-886-933
바둑동호회:012-995-354
한인골프동호회:012-966-578
한우리축구동호회:012-275-220
호산나축구회 :012-562-807
사물놀이동호회:092-731-884

학교/NGO/학원

장로교신학교:023-224-583
가나안기술학교:012-753-051
프놈펜기술학교:023-216-128
NPIC기술대학:023-353-563
한글 학교 : 092-920-667
KCSC : 016-987-115
NGO CEAI : 012-590-397
생명의빛 : 012-862-346
아버지학교: 012-711-029
국제옥수수재단: 012-160-5563
어린이전도협회: 023-992-933
다일 공동체: 017-562-239
프놈펜 좋은학교:017-617-581
FEBC극동방송:012-789-086
밀알선교단;018-602-335
한국교육센타:092-405-764
프린스턴아카데미:012-1624-070
좋은학원: 092-969-652
반석학원: 092-490-656
연세피아노: 092-433-144
기쁨피아노:017-265-173
미술지도: 012-419-260
성악지도: 012-1873-767
수학지도:092-375-197

종교단체

한인선교사회:012-788-191
장로교공의회:023-357-401
캄선교공동체(MAC):017-730-883
프놈펜한인교회: 023-215-722
프놈펜제일교회: 023-220-784
천주교공동체: 012-850-100
예수사랑가족교회:012-415-803
소망선교교회:012-483-629
순복음엘림교회:012-791-887
한인침례교회:011-765-513
프놈펜선린교회:017-787-472
천주교미사: 092-429-855

은행, 증권

동양투자신탁: 016-579-001
캄코은행: 023-224-660
ABA은행: 023-225-333
부영크메르은행:023-222-900

신한크메르은행: 023-727-380
베스트뱅크: 023-227-555
프놈펜상업은행:023-999-500
국민은행:023-999-300

농장, 경비, 인쇄

신용하Sharonfarms: 011908262
장인갑GreenMax:012-998-918
홍사택JunbinAgro: 012-395808
풀무원농장:012-457160
무학 양돈 : 012-557-001
경호경비 : 023-369-571~2
CAMKO 인쇄 : 012-366-517

봉제업체

ASDCambodia :023-219-720
CJ캄보디아 : 023-218-729
DACorporation:023-357-055
HM프라스틱 : 012-931-002
UNITA Co.LTD: 012-924-620
가원어패럴: 012-418-474
건국캄보디아 : 023-982-983
다주KA캄보디아:023-363-404
대영 캄보디아 : 023-725-155
동보크리에이션:012-171-9473
럭키로타리 : 023-223-947
마스터자수 : 012-959-239
삼흥프린트 : 012-970-580
새화 캄보디아 : 023-991-860
서흥인터네셔널:023-219-621
에버그린가멘트 :023-722-571
선트레딩: 012-966-766
세진 자수 : 012-222-751
세화바인딩:023-995-651
세화캄보디아: 023-995-652
스티카 라벨 : 012-185-0073
봉제SIG co.Ltd:092-619-880
애니테이프(모비론)023-224-679
약진 캄보디아 : 023-222-643
에버스타(에버리치):023-882-621
에이스 어패럴 : 023-352-13
우수CNS : 024-396-601
인경캄보디아 : 023-890-591
정민캄보디아 : 023-300-350
참 택스 : 012-806-400
천광 미싱 : 012-359-848
캄보패숀 : 023-890-451~2
탑 클로스 : 012-811-992
탑클로스캄보디아:012-811-992
하나 EMB : 012-600-344
하나캄보디아: 023-890-381
한성 캄보디아 : 023-982-720
화인 통상 : 023-890-758
화인GIS캄보디아:023-890-758
캄보디아크리스찬타임즈 : 012-836-152

약국, 병원, 한의원

헤브론병원:012-436-124
NFC 병원: 023-210-691
대양약국 : 012-886-933
대양한의원: 012-307-622
명리 한약방 : 012-620-210
서울메디칼:023-991-330
월드스마일치과:092-941-203
제일병원 : 012-752-020
좋은의치과:012-315-098
한국 병원 : 012-457-150
한캄친선한방병원:023-883-047
횃불 병원 : 023-993-424

식료품

OK 마트 : 016-999 112
강산정수기: 023-224-000
김 마트: 092-890-010
대진고기집:012-224-401
기현농축산:012-224-401
손오공식품:092-580-570
아주코리안마트 :012-965-843
진로식품:016-866-811
하나마트:012-311-034

한국식품 :012-949-811

식당, 카페

CK레스토랑:092-683-455
VIP서울가든 : 012-885-974
VIP클럽(로타호텔):012-613-529
공항가든 : 012-926-676
궁: 012-510-993
김치&불고기:012-510-993
낙원가든 : 092-570-007
늘봄가든 : 023-987-213
다나랑중화요리:092-823-901
다오래한식당:018-615-240
대장금: 012-750-146,7
동구밖한정식: 023-883-162
동신참치: 012-282-203
라 코리아: 023-211-013
로뎀나무:092-549-600
르서울: 092-411-700
만남식당 : 012-477-346
메콩강식당:012-732-704
무궁화한정식: 011-729-886
밀채: 012-441-506
비룡: 092-859-057
비원: 012-707-733
사천성: 017-430-566
상원골프식당: 012-199-5080
서울면옥: 092-454-092
손오공식당 : 012-647-212
압사라가든 : 012-995-354
엄마김밥:092-649-065
연가: 012-381-119
영빈관:012-673-202
이레갈비 : 012-819-475
장수건강원:011-543-876
장수촌: 016-739-292
청사초롱:023-998-667
친구식당 : 012-1619-617
프놈펜식당 : 099-651-848
피자클럽 : 017-519-359
한국관: 012-828-857
한캄정육식당:023-987-642

호텔, 하숙

GGP호텔 : 017-288-001
리갈호텔 : 023-990-809
연가게스트: 012-381-119
이레하숙: 012-416-036
가빈호텔:012-643-221
보이호텔:023-990-512
호텔쿠션:012-511-000
에버그린리조트:089-893-689
임페리얼가든호텔:023-219-991
〈가라오케/골프/레져〉
나이트시티 : 012-907-710
소니가라오케 : 012-915-643
CNN가라오케 : 012-24-8585
상원골프연습장: 012-199-5080
로타호텔 : 023-890-427
상록수 : 023-350-953
최프로골프 : 012-758-992
파크웨이골프 : 012-992-707
한국 PC방 : 092-207-180
수 노래방 : 012-763-120

항공사, 여행사, 쇼핑

대한항공지점:023-224-047~9
092-888-386(한)
아시아나항공지점:023-890-441
아시아나항공(AAA):092-578-697
대한항공(SUNBIRD):092-941-001
스카이항공 : 012-897-689
한신아리랑투어: 023-215-013
경복궁여행사 : 023-992-925
스타여행사 : 012-753-100
아시아나 대리점:023-992-541

통관사, 부동산

보고컨설팅:092-976-877
KSS캄보디아 : 023-881-927
캄베스트 : 012-905-190
PST. Inc.: 012-333-706

찬부동산: 012-711-912
다라부동산: 012-765-500
IR부동산:012-1916-291
우리회계법인:023-223-878
S M 회계법인:012-394-095
로고스법무법인:012-491-369

건설, 설비, 차량

(주)동현 : 092-992-913
CSC경비회사:012-821-530
IMS JVC: 011-893-321
RAC 종합여객 : 092-690-119
SKNCC전자 : 012-852-050
TJBro가라지 : 092-831-897
글로벌코리아:012-201-729
대원트레이딩 :092-574-199
보고건설 : 098-670-009
삼보 케이블 : 023-982-807
삼부기술 : 012-277-596
삼우전기 : 012-966-578
성신종합건설 : 023-219-991
영광전기 : 012-439-960
우진종합상사 : 023-365-249
월드 카 센터 : 012-893-047
캄글로리아 : 012-836-152
캄보디아레미콘: 012-219-501
코리아 LPG : 017-997-488
코리아카센타:092-747-101
포스코건설 : 023-224-511
프라임 건설: 012-621-231
한성 A&E : 012 703 460

미용, 유통

코리아나화장품:092-360-800
이우성뷰티: 023-351-418
라이프포토:017-344-700
한국컴퓨터:092-548-635
신세계 핸드폰: 012-680-036
한국담배총판 : 012-671-585
애경 : 012-965-843
캄노무역: 016-863-121
시엠립C&K라텍스:: 012-475-767
HS System:023-990-074
ILTN Co: 016-701-230
장수건강원:011-543-876
백광미용상사: 012-440-453
건강기념품센타 :012-366-234
DialAny(PC전화): 023-720-112
노니 와인: 012-492-796

정보지

한캄라이프 : 012-619-440
뉴스브리핑 : 012-952-046
라이프프라자:023-210-424
한국신문보급 : 092-992-913

한국신문 보급

092-992-913(이상길)
011-780-416(캄)

※ 제공 : 크리스챤 타임즈 (2009. 7월 기준)

Travel Tip

캄보디아 여행시 주의 사항 및 거주요령

캄보디아로 여행올 때

짧은 일정의 여행은 숙박에 있어서 호텔과 여관과 같은 게스트하우스에서 많이 머문다. 대체로 깨끗하거나 좋은 곳이지만 이곳의 물가가 인근 주변국가에 비해 터무니없이 비싸서 비용이 의외로 많이 들 수 있다. 가격은 1박의 경우 호텔은 $25 이상이다. 여관과 같은 게스트하우스의 경우 $10 정도이지만 그나마 에어컨이 있는지 온수가 나오는지 사전에 확인하고 방을 얻어야할 것이다. 반면 단체로 여행을 오는 경우는 걱정하지 않아도 된다. 대체로 지낼 수 있는 호텔로 예약이 다 되어 있기 때문이다. 전자의 경우는 배낭여행객에 해당하는 것이다.

관광이 아닌 사업적 방문의 경우는 성격에 따라 다를 수 있겠지만 편히 지낼 수 있게 한국인이 경영하는 호텔이나 안내를 해줄 수 있는 한국인의 집에 묵어보는 것도 나쁘지는 않을 것 같다.

캄보디아로 이주올 때

장기로 들어오는 경우 살림집을 구하는 것이 어렵다. 한국에서도 마찬가지이지만 필자의 경우 전세로만 살아서인지 얻을 때 집을 많이 보았다. 집을 자주 이사하지는 않았지만 여러 가지 비교를 하면서 세를 얻었다.

오랫동안 살 집이기 때문에 여러 가지를 잘 살펴야하는데 이곳에 도착하면 마음이 급한 채로 계약을 하는 경우가 많다. 그러다보니 가격도 비싸고 집도 만족스럽지 못하다. 이곳의 집들은 보통 외형에 페인트만 칠하고 임대료를 올려 받는 경우가 있다. 집 내부에 필요한 살림들은 고치지 않고 말이다. 그래서 더욱 꼼꼼히 살펴야 한다. 화장실 수도꼭지도 일일이 돌려보면 안심이 될 것 같다.

캄보디아의 기후

캄보디아는 더운 나라이다. 1년 내내 우리나라 사람들에게는 더운 곳이다. 그렇지만 반팔만 가지고 다니면 어려움을 만날 수 있으므로 얇지만 긴 팔의 옷과 긴 바지가 있으면 좋다. 왜냐하면 태양열로 인한 피부 노출이 길어 어려움이 많기 때문이다. 그래서 자외선 차단제를 휴대하고 다니는 것이 좋다. 또 모기에 대한 방어에도 도움이 된다.

또 하나는 본인도 이곳에서 습관이 되었지만 선글라스이다. 외출시에 꼭 필요하다. 물론 걷는 시간이 많지 않은 경우는 필요 없겠지만 운전을 하거나 야외에 있는 경우는 꼭 권하고 싶다.

캄보디아의 음식

음식과 관련해서는 보통 다양하게 맛을 볼 수 있지만 하나씩 주문을 해야 가능하다. 우리 나라처럼 한정식 2인분, 이렇게는 안된다. 그래서 음식의 이름과 양도 주문을 해야한다. 전통음식을 먹을 수 있느냐는 질문이 많은데 이곳의 음식 문화는 사실 길거리에서 먹는 것이나 시골에서 먹는 것이 오히려 캄보디아에 전통 음식에 가깝다고 할 수 있고 대부분은 혼합(퓨전)처럼 내려와 있다. 그래서 중국음식이나 서양음식도 충분히 먹을 수 있고 한식당도 많이 있어 음식점만 잘 알고 있다면 쉽게 맛볼 수 있다.

캄보디아의 교통

교통수단을 이용할 때는 흥정이 필수다. 흥정할 때는(물건을 살때도 똑같이 적용된다) 최대한 웃으며 흥정하고 절대 흥분은 금물이다. 흥분할수록 캄보디아 사람들도 흥분하고 적대감정이 생길 수 있기 때문이다. 보통 골목에는 모토돕이라는 오토바이로 다니는 교통수단인데 대체적으로 쉽게 접할 수 있고 가격도 싼 편이다. 매번 흥정을 귀찮아한다면 미터택시도 이용할 수 있다. 미터택시는 전화로 연락하면 집 앞까지 온다. 오랜 기간 이용할 것이라면 렌트카를 권한다. 보통 기사를 고용하여 이용할 경우 비용은 $400 이상이라고 보면 좋을 것이다.

캄보디아의 통신

집을 구하고 교통수단을 얻기 전에 해야 할 것은 바로 전화개통이다. 캄보디아는 유심을 전화기안에 넣고 사용하는 방식, 즉 유럽에서 사용하는 핸드폰처럼 GSM 방식이다. 그러므로 유심을 사야하고 전화기를 사야하는데 외국인의 경우는 반드시 여권을 가지고 가야 구입할 수 있다. 또 경우에 따라서 좋은 번호를 구입할 수도 있지만 비싸다.

캄보디아 사람들과의 대화

일반적 캄보디아 사람들과 만날때는 외국인에 대해 부드럽고 웃으며 좋게 대한다. 그렇다고 해서 이 사람들이 다 좋은 것은 아니니 주의가 필요하다. 보이지 않게 가지고 있는 자존심도 있다. 이 자존심 때문에 복수를 하는 경우도 생기니 조심해야 한다. 하지만 대부분의 캄보디아 사람들은 잘 웃고 대해준다. 선의를 베푼다고 생각하지만 이 사람들은 항상 거기에 상응하는 대우를 바란다. 주로 물질적 보상을 원하는 것이다. 심지어 공항에서 짐을 들어주는 행위를 하고 돈을 요구한다. 괜찮다고 하지만 막무가내로 자동차에 실어주고 돈을 요구한다. 우리가 필요하지 않다고 해도 그들은 그런 방식으로 대하기 때문이다.

또, 직원으로 채용하고 일을 시킬 때는 정확하게 업무를 설명하고 일의 순서를 정해주는 것도 좋은 방법이다. 이러한 반복을 몇 차례하면 잘 이해하고 의사소통이 더욱 쉬워지게 마련이다. 간혹 일이 방법을 설명하면서 그 이유를 가르쳐주면 더욱 관계는 좋아질 수 있다.

캄보디아의 상점

캄보디아내에 생필품을 살 수 있는 곳이 제법 많아졌다. 우리나라에 비해 적은 규모이지만 제법 큰 매장들이 많이 생겨났다. 식품류는 럭키마트, 펜슬이 있다. 가격은 비싼 편이다. 그러나 요즈음 동네마다 미니마트가 생겨서 생필품들이 작은 마트에 있는데 가격은 럭키마트보다 싸다. 하지만 전부 있는 것은 아니니 필요한 것만 구입하는 것이 좋겠다. 한국 식품은 지역마다 한 곳씩 있는 편이라 필요한 것은 구매하면 좋다. 대부분의 선교사들 중에서 소금은 한국식품으로 구입하여 사용하는 분들이 많다. 그 이유는 캄보디아 소금에는 없는 성분이 있어서 그렇다고 한다.

캄보디아로의 파견

이민이나 해외지사를 파견하여 오거나 선교사로 오는 경우에 이삿짐의 경우에 대해 언급을 한다면 그 기준은 어떻게 집을 구할 것인가에 주안점을 두면 내용물이 달라질 것 같다. 보통 한국의 짐을 다 가지고 올 경우가 있는데 해외지사로 파견을 와서 2-3년정도 있다가 갈 경우와 그렇지 않고 그 이상을 체류할 경우는 생각을 달리할 필요가 있다. 짧게라면 모든 짐을 가지고 와도 무난하겠지만 캄보디아에 집을 렌트할 경우 대부분의 집들에 가구가 있는 경우가 있다. 그러므로 집을 사전에 렌트하였다면 집을 보면서 필요한 가구를 가지고 오면 좋을 것이다. 아이들이 있는 경우는 옷장정도도 좋다. 아니면 종이박스 상자도 괜찮다. 이런 결정은 집의 가구에 따라 차이라고 보면 좋을 것이다.

하지만 본인이 보는 관점에서 오래 체류하건 그렇지 않더라도 만약 화물로 이삿짐을 보낸다면 생필품을 많이 구입하여 보내라고 하고 싶다. 주방용품(락앤락, 트리오, 등등)과 생필품중에 화장지며 샴퓨며 치약이며 라면이며 장류까지 이런 것들이 좋을 것이라고 생각한다.

박영사와 조목사가 들려주는

캄보디아 아리랑

1판 1쇄 인쇄 | 2010년 1월 4일
1판 1쇄 발행 | 2010년 1월 11일

저자 | 박형아·조성규 공저
사진 | 하용병, 조성규, 김태권, 배대환
강태영, 이상원, 이진이, 최명희, 한강오
교정·교열 | 배수지
표지디자인 | 이진이
편집디자인 | 박보슬

펴낸이 | 고봉석
펴낸곳 | 이서원

주소 | 137-906 서울시 서초구 잠원동 44-17 서광아트빌딩 3층
전화 | 02-3444-9522
팩스 | 02-516-9879
전자우편 | iseowon@iseowon.com
홈페이지 | www.iseowon.com
출판등록 | 제22-2935호 (2006-06-01)

값 | 15,000원
ISBN | 978-89-962485-2-1